图说中国传统玩具与游戏

An Illustration to the Chinese Traditional Toys and Games

编　著　李露露

世界图书出版公司

西安　北京　上海　广州

图书在版编目（CIP）数据

图说中国传统玩具与游戏 / 李露露编著 . —2 版 . —西安:
世界图书出版西安有限公司，2019.7
ISBN 978-7-5192-6043-9

Ⅰ.①图… Ⅱ.①李… Ⅲ.①玩具—介绍—中国—古代
②游戏—介绍—中国—古代 Ⅳ.① TS958 ② G898

中国版本图书馆 CIP 数据核字（2019）第 138879 号

书　　名	**图说中国传统玩具与游戏**	
	Tushuo Zhongguo Chuantong Wanju Yu Youxi	
编　　著	李露露	
责任编辑	王　哲	
出版发行	**世界图书出版西安有限公司**	
地　　址	西安市锦业路 1 号都市之门 C 座	
邮政编码	710065	
电　　话	029-87233647（市场营销部）	
	029-87235105（总编室）	
传　　真	029-87279675	
经　　销	全国各地新华书店	
印　　刷	西安金鼎包装设计制作印务有限公司	
开　　本	787mm×1092mm　1/16	
印　　张	17.5	
字　　数	300 千字	
图　　片	506 幅	
版次印次	2019 年 7 月第 2 版　2019 年 8 月第 1 次印刷	
书　　号	ISBN 978-7-5192-6043-9	
定　　价	70.00 元	

☆如有印装错误，请寄回本公司更换☆

前　言

　　一提到儿童教育，人们就想到家庭教育，孩子上学，或者看电影、电视、图书，或者参观博物馆，逛公园。其实，还有一个领域——玩具和游戏，却常常被忽视了。游戏是童年时代的必修课，也是进行启蒙教育最生动活泼的方式，不论玩具有多少，游戏种类如何复杂，实际上都是儿童对成人行为的模仿，儿童通过各种玩具和游戏活动，可以学到许多书本上学不到的科学和社会知识。

　　根据文化人类学家们的研究，游戏有三种职能：

　　第一，孩子们通过游戏可以学习到人类社会的生活原则、规范和知识。寓知识于玩乐之中，具有看得见、摸得着的特点，能够收到较好的教育效果。

　　第二，游戏能给儿童以社会或集体性的训练。因为绝大部分游戏都是一种集体性活动，使当事人与其他游戏者发生较多的接触和联系。只有配合默契，使个人融合于群体之中，才能完成各种游戏，从而加深了人与人之间的关系，培养孩子团结、互助的品德。因此，游戏是儿童成长过程中的重要阶梯。

　　第三，儿童有着丰富的想象力和创造力。游戏能使儿童的心理得到满足，并能在活动中充分发挥其创造性。事实上，聪明的孩子是淘气的，但淘气的行为中蕴含着许多探索。

　　基于上述认识，我们越发认识到整理和研究我国传统玩具与游戏的重要性。儿童的游戏都是在父母兄长的启迪示范下起步的。父母是儿童的第一任教师，父母给子女以温暖，教会子女"啊啊"斯语，也灌输其各种知识。而玩具，则是父母教育子女的重要工具，比如让婴儿认识彩球，观赏不倒翁，手摇拨浪鼓，以致稍大后玩的风车、布娃娃、踢毽子、抖空竹等等，这些都是父母对孩子的良好训练，既传授了知识，又沟通了父母与子女的思想感情，使孩子健康茁壮成长。因此，玩具与游戏不仅是儿童的事，也是成年人的事。事实上，古代的许多游戏是成年人的宠物，如球类、风筝、棋牌等等，因而我国各民族的玩具不仅在儿童中间颇有市场，在成年人的世界里也很流行。

中国的传统玩具与游戏有着悠久的历史。在史前考古工作中，已经发现了各种各样的玩具，如弓箭、石球、响球、陶铃、陶角号、骨笛、陶埙、泥人、陶塑小动物等等。商周时期出现了杂技，其中就包括不少游戏。《路史·后纪十三》注引《史记》："大进倡优漫烂之乐，设奇伟戏，靡靡之声。"当时出现了大量的玉质和青铜玩具，种类也增加了许多，如围棋、六博、弄丸、风筝、弋射等。秦汉到魏晋南北朝时期，除应用前期的玩具和游戏外，角抵有很大发展，成为百戏的重要内容，以斗鸡、斗兽为中心的禽兽之戏也相当活跃，投壶在上层社会中普遍盛行。隋唐以后，陶瓷玩具空前增加，还出现了外来的双陆棋、打马球，李清照的《打马图经》就是有关这种游戏的专著。唐代最活跃的游戏是打马球和蹴鞠比赛。此外，在江苏丹徒唐代窖藏中还出土了一套酒令玩具，这是我国发现的最早的酒令玩具。后来又出现了彩选格、叶子（纸牌）等玩具和游戏。不难看出，中国的传统玩具与游戏是极其丰富的，种类繁多，具有旺盛的生命力，其中有些玩具和游戏还传播到国外，如数学游戏、风筝、七巧板、叶子戏等，并且对世界性玩具如扑克牌、麻将牌等都有深远的影响。

近百年来，西方玩具与游戏纷纷传来，民间的玩具与游戏每况日下，变成了"土玩艺"，这些"土玩艺"不再受人重视，也被儿童们逐渐放弃了，民间玩具与游戏濒临灭顶之灾。近十几年来，传统玩具与游戏才又引起人们的重视，玩的人也逐渐多了，这是一件好事。当前从事我国传统玩具与游戏的搜集、整理和研究工作具有重要意义。首先，传统玩具与游戏正逐渐消失，玩的人和制作传统玩具的人也不多了，因此，必须采取果断措施，抢救这一民族民间文化遗产；其次，整理研究传统玩具并不是发怀古之幽情，而是让人们知道各种玩具的来龙去脉——今天的玩具是昨天玩具的发展，明天的玩具是在今天玩具的基础上创造的，传统民间玩具中有许多精品，它必将为玩具的更新和发展提供重要借鉴；第三，中国的玩具是在中国的历史文化背景下产生的，适合中国的国情，有自己的长处，如与大自然紧密结合，有较强的益智性、实践性和群体性，这些优点应该继承下来，发扬光大。特别是现代许多儿童生活在单元住宅里，与大自然隔绝，成天守着电视机、游戏机活动，这显然有损于孩子们的身心健康。

当然，我们不是全然肯定传统玩具，也不是全然否定现代玩具，而是正确地对待传统游戏与现代游戏的关系。一方面应该顺应形势，积极利用和开发新玩具，以便儿童将来能跟上时代的步伐，与现代社会生活相和谐；另一方面，应该提倡传统的游戏，让广大儿童回到大自然去，登山、游泳、放风筝，这些游戏活动是与大自然密不可分的，能给人以智慧，陶冶他们的情操。

我国的玩具和游戏，有若干特点：

首先，我国的玩具与游戏具有浓厚的生产技能训练。经济生活对游戏有着重要的影响，我国是农业古国，很多游戏本身就反映了农民的日常生活，如网鱼、捉蜂、翻簸箕、拍花拍、星星过路……好似一幅幅农家风景画，展现在孩子们的面前。在游戏的形式上，不少项目都是生活的真实写照。以狩猎为生的鄂伦春族的玩具，多以动物形象为主；而蒙古族则以游牧为游戏；过去土族也从事游牧，其游戏赶羊、捉羊、赶猪等，都是游牧生活的真实写照。这些事实说明玩具、游戏主要来源于生产实践，也可训练少儿的生产劳动技能。

其次，玩具与游戏有一定的性别分工。游戏不仅仅是成年人劳动的再现，由于成年人劳动分工不同，在儿童的游戏中也有明显的分工。如汉族男孩喜欢玩骑马、摔跤、打仗，女孩爱玩过家家、抱布娃娃。鄂伦春族的男孩子多喜欢玩耍一些小木弓、标枪，从事养狗等游戏；女孩子则喜欢抱布娃娃，或者用桦树皮做成碗，盛装各种野菜，从事过家家和进行家务性劳动的游戏。农耕民族的女孩子们喜欢玩翻掌游戏，女孩子的双手里勾外挑，变换出来的种种图形，几乎概括了她们未来生活的全部内容。除了翻掌以外，乞巧、翻面条网、剪剪纸、抓子儿、跳房子、拍花拍等等，从不同方面使她们得到了锻炼。其目的是着力训练她们从小养成吃苦耐劳、温柔贤淑的品性和心灵手巧的素质。

第三，在我国辽阔的领土上，有许多玩具和游戏是共同的，如玩弓箭、摔跤、抓石子等等，这是各民族文化密切交流的反映，是中华儿女多元一体的表现，不过，由于地域辽阔，自然资源和经济类型的差别，民族心理和信仰的不同，各地区各民族的玩具和游戏也有明显差别。如南方的竹玩具和水戏就十分发达，东北、西北和西藏的桦树皮玩具和雪戏、冰戏也很突出，这是生态环境造成的。

第四，传统的儿童玩具和游戏寓教于乐，寓知识于玩耍之中，是老少皆宜的娱乐方式。在我国的玩具中，蕴藏着极其丰富的科学文化内涵，如九九消寒图，虽然是玩物，但无形中练习了绘画；拼七巧板、下棋也是娱乐，能够训练儿童的智力；猜谜、歌谣等游艺，无形中受到知识的洗礼。还有许多游戏中唱的歌词，也从不同角度反映了农时节令、作物生长、田园生活等现象，给孩子们以知识性的启发。使孩子们通过做游戏，既能逐步培养出勤劳、勇敢、坚定、吃苦的精神气质，又能在潜移默化之中得到不少哲理和道德性的启迪。

为了总结、整理和研究民间玩具与游戏，给儿童以至成年人一些被遗忘的娱乐形式，弘扬传统文化，笔者编著了《图说中国传统玩具与游戏》一书，由于历史原因，已有的民间传统玩具与游戏资料比较零碎，十分分散，而玩具与游戏本身是很广泛的，散见于各个学科中，因此，我们从几个学科中吸取大量史料，一是文献历史资料，除文字记载外，古籍中也有不少版画、绘画；二是考古发掘和传统文物资料，它补充了文献记载的不足，并且把玩具与游戏的历史追溯到史前时代；三是民族民俗学资料，如果说古文献、考古文物是"死化石"，残缺不全，那么民间存在的玩具则是"活化石"，其不仅有实物，还有具体玩法、制作工艺和生动的解说，能够印证、补充文献记载难以阐明的问题。多学科的史料不仅给予我们取之不尽的营养，也促使我们进行多学科的比较研究，即以文献、考古资料追溯玩具与游戏的历史，又以民族民俗资料给干巴巴的历史文献、考古文物注以新活的血液，从而对民间玩具与游戏进行一个较为全面的介绍。

《图说中国传统玩具与游戏》一书，共分十五章，每章内又分若干种类，笔者力图以文图结合的形式，对民间传统玩具及游戏进行具体的说明，不过这是一项新的工作，遗漏和错误难免，敬请读者指正。

李露露

Foreword

Children education has fundamental influences. It will not only affect one generation, but also decide whether a nationality or country will prosper or recede. This is a strategic issue, requiring the concern of household, school and the whole society.

When people talk about children education, they will naturally think about home education, school education or movies, TV, books or museums and parks. One sector, which is commonly neglected are toys and games. Game is a compulsory for childhood, and is the most vivid way of kindergarten education. No matter how great the number of toys are or complicated the games are, they are all the imitation of children from the grownups. In these games, children will learn a lot about science and society, which they can't get in class and books. Traditional Chinese toys and games have a long history. Various kinds of toys have been discovered in pre-history archeological findings, such as Bow and All Rights Reserved, Stone Ball, Ring Ball, Ceramic Ball, Ceramic Horn, Bone Flute, Ceramic Xun (an egg-shaped, holed wind instrument), Mud-Made Human Figure, Ceramic Little Animals and so on. Acrobatics appeared in Shang and Zhou dynasty, a lot of which were games. The thirteenth note of Lu Shi Postscript drew from Shi Ji "he empire is popularizing musical instruments producing excursive sound, strange plays and decadent music." A great number of jade and copper toys appeared in that period, with significant increase in variety, such as I-go, Liubo, Nongwan, kite, Yeshe etc. From Qin and Han dynasty to Wei, Jin and South and North dynasties, besides playing the previous games, Jiaodi was greatly developed and became an important part in all games, of which bird and animal games with Cock-Fight and Animal-Fight as the core became very popular and Touhu (throwing arrow into pot) prevailed in the upper class. After Sui and Tang dynasty, ceramic toys became unprecedentedly popular, and Shuanglu (backgammon) Chess and Polo were introduced. Da Ma Tu Jing (Jing with pictures on polo playing) by Li Qingzhao was a professional work on this game. Polo and Cuju (ancient Chinese Football) were the most popular in Tang dynasty. A set of wine game toys of Tang dynasty was also unearthed in Dantu, Jiangsu province, which was the earliest wine game toys discovered in China. Later, other toys and games like Caixuange and Yezi (cards) were also discovered. It is clear that traditional Chinese toys and games are very rich in kind. Some of them were spread to other parts of the world, such as Mathematic Game, Kite, Jigsaw Puzzle,

Yezi cards etc, and had fundamental impact on worldwide games like Poke, Mah-Jong etc.

In the past one hundred years, western toys and games were introduced in to China on a large scale, while folk toys and games became "unpopular" and their situation went from bad to worse. Especially under the shock of current social transformation and modernization, people are no longer concerned about these "unpopular" games and children abandon these games. Folk toys and games are under the threat of extinction. Therefore, the work of collecting, processing and researching on traditional Chinese toys and games are of great importance. First, traditional toys and games are disappearing, with fewer people still playing and making them. We must be determined to rescue the national folk culture heritage. Second, to process and research on traditional toys is not a sentiment toward ancient times, but to people with details of each toy. Today's toys are developed from the past ones, and tomorrow's toys will be developed from today's. There are many outstanding ones in folk toys, which will surely get reference in the development and update of toys. Third, Chinese toys emerged from China's historical and cultural background, and are in line with China's situations. They have their own advantages such as close connection with nature, good for intelligent development and practical and collective work, which should be inherited and developed. This is particularly true today when children are living in separated houses, isolated from nature, watching TV or playing electronic games all day. These modern living habits are obviously harmful to the health of children.

Surely, we do not intend to be positive on all traditional toys and negative about all modern toys. The point here in is to correctly treat the relationship between traditional and today's toys. On the one side, we should actively utilize and develop new toys to be in line with the trend of the time. On the other hand, we should advocate traditional games and bring children back to nature, to mountainclimbing, swimming, kite, etc. In the past decade, traditional toys and games have attracted more and more attention, and people playing traditional games increased a lot. This is good. Because these games are closely connected with nature and can bring both wisdom and good mood to people.

The characteristics of Chinese toys and games are as follows:

First, the games are closely connected with production skill straining. Economic life has significant impact on games.

Second, toys and games differ to gender. They are more than copies of grown-up's production activities.

Third, many toys and games are common across China, such as bow, wrestling, Zhuashizi (car polite grasping) etc., which shows the close cultural exchange between different nationalities, and is a proof that all the Chinese nationalities are of the same source.

Fourth, traditional children toys and games incorporated teaching and knowledge in games and thus in joy, and are feasible to both old and young. Rich scientific and cultural knowledge is carried with Chinese toys.

For the purpose of conclusion, processing and researching on folk toys and games, providing children and grown-ups some forgotten ways of entertainment and developing traditional culture, I compiled the book: *An Illustration to the Chinese Traditional Toys and Games*. Due to historical reasons, the materials on some traditional folk toys and games are in pieces. The toys and games themselves are widely spread in various kinds of knowledge, thus we have collected large amount of history data from different subjects of knowledge.

This book consists of 15 chapters, which are further divided into several sections. The author tried to make a detailed interpretation on traditional folk toys through the combination of picture illustration and literal description. Since this is a new taste, there will be surely some omissions and faults, and I'm willing to accept corrections from readers.

Li Lulu

目　录
Contents

第四章　　投掷类　　　Chapter IV Throwing　065

第一章·儿 戏

儿戏，是指儿童的各种游戏活动，包括两大类：一类是使用玩具的游戏；另一类是不使用玩具的游戏。儿戏的特点是比较简单，易于操作，而且是许多小孩子玩的集体性游戏。

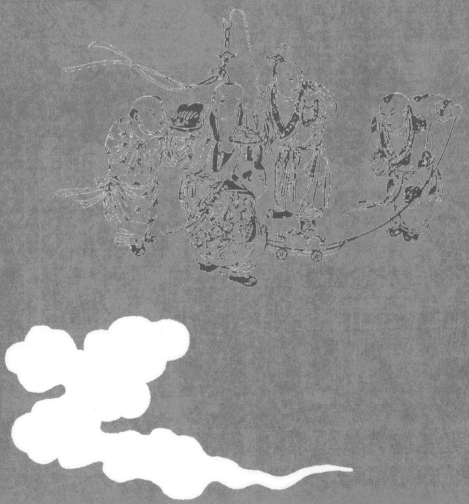

一 小玩具

小孩儿玩具是指儿童以一定的玩具所展开的各种游戏，种类较多，现举几例说明。

抓 周

抓周，是指儿童周岁时测定其智力和志向的方法。《颜氏家训》："江南风俗，儿生一期，为制新衣，盥浴装饰，男则用弓矢纸笔，女则刀尺针缕，并加饮食之物，及珍宝服玩，置之儿前，现其发意所取，以验贪廉愚智，名之为试儿。"此戏一直沿袭下来，其中虽有一定的迷信性质，但仍不失为儿童周岁时的一种特殊性游戏，也是测验幼儿智力和兴趣的一种好方法。

1-1 抓周盘 《清俗纪闻》

1-2 抓周图 《中国表记与符号》

1-3 抓周 《中州民俗》

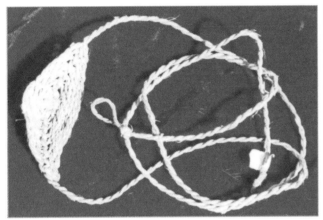

🏵 丢石兜

在我国汉族、满族、蒙古族、藏族、纳西族等民族地区，儿童们喜欢模仿成年人抛石子的方法玩丢石头。所用工具较为简单，一根绳子，长一米，一头有一环，另一头为结，正中央编一个圆兜。玩耍时，将带环一头套在右手大拇指上，另一头拴在手中，并于兜内放一个或两个石子，用右臂甩动，然后沿一定方向，松开带结一端的绳头，石子就飞出去，击中打击目标。[①]这种丢石兜，既是玩具，又是打鸟工具。

1-4　丢石兜　李露露摄

1-5　桐荫乞巧　《月曼清游图册》

🏵 乞　巧

七月初七传说是"巧节"，又叫"乞巧"。女童们特别是刚学女红者，都要在这天"乞巧"，讨一手好针线。乞巧可在白天，也可在晚上对着月亮穿针引线。每当七月初七晚上月亮升起之时，女童们就要对着月亮穿针，边穿针边祈求说："月亮大姐对我好，朝我笑，教我眼尖手又巧。"然后，几人分别穿针，进行比赛。穿上针的心里十分高兴，

1-6　乞巧　《清史图典》

认为月亮大姐教会她眼尖手巧了，未穿上的心里很烦恼，第二年七月初七还要进行乞巧。另外，还有的姐妹手端一碗清水，剪豆苗、青葱叶放入水中，看月下投物之影来

注释①　宋兆麟：《投石器和流星索——远古狩猎技术的重要革命》，《史前研究》1984 年第 2 期。

占卜巧拙之命，同时还举行剪窗花、比巧手活动。

🌸 小摇篮

在城乡地区女孩子们常喜欢玩布娃娃。更有趣的是，在内蒙古少数民族地区还流行一种小摇篮游戏，这也是女孩子们喜欢玩的。玩具是由母亲制作的，多以桦皮或木板制成，呈折腰状或长直形，一般与实用的摇篮相同，只是小巧而轻便。通过这种游戏，让女孩子模仿

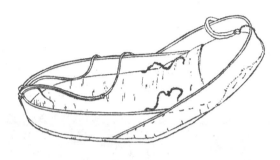

1-7 小摇篮 锡长禧绘

母亲的育婴方式，学习生活技能，教育儿童要孝敬父母。

🌸 甩龙和飞沙燕

甩龙是小孩子的游戏之一，它是在长 11 厘米左右的细长竹棍五分之三处，粘糊富有弹性的彩条硬纸卷，握其柄向前用力甩，纸卷即可弹出很长，像一条飞腾的龙，可以反复伸缩玩耍，故称甩龙。春节期间北京多有出售，一般男孩子玩的较多。

飞沙燕则是女孩子们喜欢玩的玩具。王文宝先生曾在《北京民间儿童娱乐》一书中对此有详细描述："把用涂成黑色的硬纸剪好的两个燕子翅膀相对，与剪好的燕子头粘在一起，有一小圆铁片一端之细管朝前，另一端由燕身下稍粗之管孔中穿过后粘二燕尾。一根细棍拴线系燕身，用手握棍另一头抡圆圈，燕尾便会随风转动，细管发出沙沙响声，好像燕子在鸣叫。"②

1-8 甩龙 姜丽绘

1-9 飞沙燕 姜丽绘

1-10 线鼠 姜丽绘

注释② 王文宝：《北京民间儿童娱乐》，北京燕山出版社，1990 年。

❀ 猴攀杠和线鼠

猴攀杠是北京的一种儿童玩具，由两部分组成。一是杠子，用长 10 厘米，宽 5 厘米的两块五合板，二板相对平立。在下面 3 厘米高距离处夹有 2 厘米长的短木，从木板外侧左右两头儿各钉一个小铁钉，使其固定。在木板上端 1 厘米处穿有上下两根棉线。二是用三合板做一猴子形身躯，另做两臂两腿，夹系在猴子身上，使其能自由活动，双臂伸向上方，并要高于猴头。再把猴的两臂和手固定到五合板的横线上。猴子落入框架下，两腿要略高于框架下的横木。玩时，用大拇指和食指捏举框架下端，轻轻用力一捏一松，猴子便会上下翻动，富于变化，生动活泼。

线鼠是纸制灰色鼠形，内放一圆胶泥滚儿，以两根细橡皮筋儿穿过圆胶泥滚儿的两个小孔，横系于纸鼠内腰的两端，胶泥滚儿上系绕一细线，将线头由纸鼠背上的小孔穿出，用手牵着。手持线，一提一放，纸鼠即不断向前滚动，如老鼠贴地奔跑。春节时儿童们玩此玩具者甚多。

1-11　猴攀杠　姜丽绘

1-12　转花筒　姜丽绘

❀ 转花筒

转花筒，又称"望花筒"，是一种儿童玩具。它是以硬纸制成筒状，并准备和圆筒内直径相同的透明玻璃两块，磨砂玻璃一块，长方形的玻璃条三块，五色碎玻璃和小铁丝圈少许。

制作时，第一层放一块透明圆玻璃，外糊一圈纸，中间露一圆孔；第二层竖放三块长方形玻璃条成三角形；第三层放透明圆玻璃；第四层放彩色碎玻璃和铁丝圈；第五层放磨砂玻璃。将两端玻璃用彩纸粘糊牢，筒体外再糊上一层彩色纸，其大小长 6 至 7 厘米，最长可达 16 至 17 厘米。

玩时，用手转动筒身，彩色玻璃和铁丝圈通过三角形玻璃互相反照，不断组成各式各样的彩色图案，故名"转花筒"。随着转动花筒，可看见里面千变万化、彩色缤纷的图案，给少儿们以彩色教育，由于千变万化，又能给儿童们带来嬉戏和欢笑。[③]

吹气泡

在各地儿戏中，还有一种吹气泡活动。一般是取细竹管或苇管，先吸一点儿水或肥皂沫，然后不断吹出去，就形成了一个个气泡，儿童们常以吹的气泡又大又多为胜利者。

1-13　吹气泡　《启蒙画报》

顺耳筒

布依族有一种顺耳筒，相当于打电话游戏。所用工具是两个薄竹筒，长 10 厘米，直径 4 厘米，一头开口，一头蒙上猪尿脬，或鸡嗉包皮，中间穿一线，用竹片嵌住，最后以长线连接两个竹筒，这就是土电话。玩时，两人分开，各持一个话筒，一个听，一个对竹筒讲话、唱歌。

二 集体游戏

在儿童游戏中，流行集体游戏，方式、方法很多，主要有以下几种：

捉迷藏

捉迷藏是一种集体游戏。其中一人被蒙住眼睛，其他人以声响引逗，蒙眼者设法捉拿其他人。明代沈榜《宛署杂记》："群儿牵绳为圆城，空其中方丈，城中轮着二儿，各用帕，厚蒙其目，如瞎状。一儿手执木鱼，时敲一声，而旋易其地以误之。一儿候声往摸，以巧遇夺鱼为胜。则拳击执鱼儿，出之城外，而代之执

注释③　王文宝:《北京民间儿童娱乐》，北京燕山出版社，1990 年。

鱼轮入，一儿摸之。"

　　在捉迷藏时，参加的儿童围成一圈，选两个人在圈内活动，一个为"藏"的，另一个人当"捉"的，但必须蒙上眼睛，由"捉"追"藏"的人，一旦"藏"的人被捉住，便取代于"捉"的，再从圈中选一个为"藏"的，继续游戏。捉迷藏不限于以上形式。还有一种是"藏蒙哥儿"，是由一个大孩子，用一只手的指头

1-14　捉迷藏　《吴友如画宝》

1-15　蒙面捉迷藏　《吴友如画宝》

沾土，伸出另一只手让众儿童猜，如谁猜出的指头与沾土指头相同，谁就被另一小孩儿用双手或手绢蒙上眼睛，其余儿童躲藏起来。然后蒙面人去掉手帕去找"藏"者，谁被找到，谁就去取代蒙面者。另外还有一种叫"蒙老瞎"，由蒙面人捉拿向他挑逗的人，如果抓住人，就让被抓者当蒙面人，如三次扑空，则把蒙面取下，绑成瘸腿者，让他继续捉人。众儿童们还唱到："送啊送，送瞎子，喏，送到河里摸鸭子！"瘸腿者仍然抓不住人，则再把他的眼睛蒙上，任儿童们捉弄。

1-16　蒙面捉迷藏　《吴友如画宝》

1-17 堆草垛 《点石斋画报》

1-18 老鹰抓小鸡 《吴友如画宝》

❀ 堆草垛

在东北地区每到秋收打场时节，就有许多小孩儿在草垛上下玩耍，在此基础上，又有了一种堆草垛儿戏。

北方地区的乡村中也流行这种儿戏，十几个小孩子沿着梯子爬到草垛上，然后从上往下滑倒在地，形成多人堆在一起，故名"堆草垛"。不过，最为简单的玩法并不是用梯子，而是以一人为底，其他人依次跳到第二、三、四人的身上，堆成草垛状。

❀ 吊龙尾

吊龙尾，又名"老鹰捉小鸡"，广泛流行于我国许多地方和民族地区。通常是若干儿童排成纵队，后者牵住前者衣服的后摆或抱住腰，宛如长龙，前者为龙头，后者为龙尾，中间为龙身，在龙头前有一个擒龙者。玩耍时，擒龙者千方百计地捕捉龙尾，龙头者则伸开双臂，尽力保护龙尾，擒龙者以捉到龙尾为胜。有些地方称擒龙者为老鹰，扮龙者为小鸡，故而得名"老鹰捉小鸡"。

❀ 网　鱼

汉族有一种网鱼游戏，参加人数不限。首先将游戏者分为两部分，人数对等，其中一部分人双手高举，而且手手相连，组成"捕鱼网"，另一部分人则被作为"小鱼"。游戏开始后，"小鱼"列队穿行在高举双手、手手相连的"捕鱼网"中，并唱道："一网不捞鱼，二网不捞鱼，三网就捞小尾巴、尾巴鱼。"此时手手相连的"捕鱼网"就迅速套住穿行中的"小鱼"。一旦"小鱼"落网，便被取消游戏资格，失去了生命力，站到一旁观望，直到"小鱼"全部被捕，游戏又重新开始。这时，两部分人员的职能进行对换，原先充当"捕鱼网"的变成了"小鱼"，原先的"小鱼"变成了"捕鱼网"。

❀ 捉蜂王

在西南地区流行一种意为"捉蜂"的游戏。参加人数必须在 5 人以上，多则不限。首先选出两人当守门人，各自将手抬起，搭成一个城门洞的形状，然后在其他人中选出一名"蜂王"，其余的人则充当"小蜜蜂"。在"蜂王"的率领下，"小蜜蜂"一个抓紧另一个的后衣角，紧紧尾随着"蜂王"来回穿梭于"城门洞"之间，这时，"洞门"突然紧闭，抓获一个或几个"小蜜蜂"，一般获得的是最后一个或最后几个"小蜜蜂"。"守门人"问"俘虏"："喜欢甜的，还是酸的？"被抓获者被迫选择回答，守门人根据不同的回答把被抓获者分为甜与酸两部分，并各自尾随到搭手成洞的两个守门人身后，因为他们分别是喜欢甜或酸的领头人。如此循环反复，长长的"小蜜蜂"队伍逐渐被分化瓦解了。"小蜜蜂"全部被抓获后，孤独的蜂王便被两人连手抬起，谓之"捉蜂王"。至此，游戏结束。

❀ 跳房子

参加者多为 10 岁左右的女孩子，人数不限，两人以上即可。先用粉笔在地上画出"房子"，其画法有多种，一般为"平行式"，双行并排，八间至十二间不等，每间一尺半到二尺长宽；还有的是"三六九式"，三行九间。跳房子的"子"（踢物）多用算盘珠或铜钱串制而成，也有用瓦片或砂包为"子"的。游戏时，先将"子"扔进第一间内，单足踏入房中，边跳边踢，让子儿通过所有房子，由最后一间打出界外。第一次成功后，再将子儿扔进第二间、第三间……依次类推，全部跳完，每成功一次可随意"买"其中一间房子，为双脚着地休息处。买的房子，自己的子儿不得扔进或踢入，否则即为房子被烧了，由大家继续争夺。别人的子儿扔进

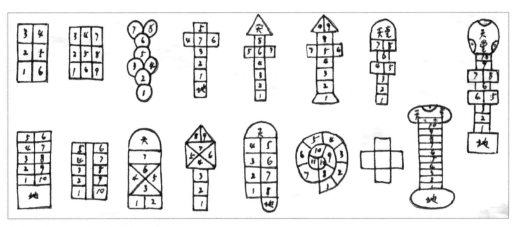

1–19　跳房子图案　台湾《汉声》

已买的房子为犯规，跳时也必须跨越此间房。跳房子时，子儿和脚均不得压线。另外，运动中确因体力不支，可允许先吐一口唾沫，尔后双足着地，稍事休息，谓之"吐血下马"，体现了孩子们在竞争中的友爱精神。

猜石子

猜石子游戏，是由许多孩子站成一圈，面朝里，手朝外，并且缩在衣袖里。另外有两个孩子，以角力方式决定分工，一人为猜石子者，一人为放石子者。玩时，放石子者在人圈外转一周，假装向每人手中放石子，其实仅有一枚石子投放，然后由猜石子者猜石子放在何人手中。

此外，还有滚球、夹包、骑驴、拔萝卜、丢手绢等集体性游戏活动。

三 双人游戏

双人游戏，是指两个儿童的游戏，可以用玩具，也可以不用玩具。

唱一、二

北京的儿童喜欢两人为伍，互唱儿歌，其中的唱一、二，内容是一问一答的，十分有趣。试记一首为例：一呀二，倒打莲花棍儿；花棍儿舞，铜钱儿数；鏊的六，银的七；花花搭搭两丈衣；"两什么两？""二马掌。""二什么二？""双插棍儿。""双什么双？""虎扛枪。""虎什么虎？""牛皮鼓。""牛什么牛？""磕龙球。""磕什么磕？""燕子窝。""燕什么燕？""扯花线。""扯什么扯？""孙膑扯。""孙什么孙？""吕洞宾。""吕什么吕？""瘸拐儿李。""瘸什么瘸？""灶王爷。""灶什么灶？""城隍庙。""城什么城？""肚子疼。""肚什么肚？""摇葫芦。""摇什么摇？""大红袍。""大什么大？""吹喇叭。""吹什么吹？""吹给婆婆一鼻子灰。"④

注释④ 王文宝：《北京民间儿童娱乐》，北京燕山出版社，1990年。

捣 拐

刘兆元先生在《海州民俗志》中对捣拐游戏曾有详细描述。二人对面，各把一条腿扳至另一条腿上，弯曲成三角形，俗称"拐"，靠另一条腿支撑并蹦跳移动，两人以膝头相互进行捣、压、掀的争斗，这种争斗就叫"捣拐"。支持不住对方的压力而拐脚落地，或被对方掀翻在地，就算输一次，通常实行三捣两胜或五捣三胜。捣拐双方应年龄、个头和力气大体相同，若悬殊太大，不得进行比赛。捣拐可以两人互相比赛也可以一个体力大的与几个人比赛，可以"一捣二"或"一捣三"，但必须是第

1-20 捣拐 姜丽绘

一个捣输了再上第二个，不能几个人围捣一个人。还可以"群捣"，即若干人分成条件相当的两群，每群各有"拐头"，相距五六步远，各自整齐列队，经吆喝"捣"开始，便一起向对方蹦跳冲去，被捣输了的人就不能再上阵了，量力以强对弱，以求迅速削弱对方力量，规则允许以多击少，齐围群捣。一方输了就算一盘结束，或原班人马再捣第二盘，或经协调配备力量再进行第二次比赛。⑤

撞钟儿

这是两人的游戏。双方各捏一枚铜板，垂直向墙上一撞，铜板即向相反方向滚动。根据铜板的落点，离墙远者即将铜板拣起，蹲在原落点处向对方的铜板砸去，若砸中即得这枚铜板，若砸不中，被砸者根据事先讲定的距离去量，在此长度内对方为输，否则重新比赛。⑥

拍手唱月歌

北京儿童流行拍手对歌游戏，先自己拍一下，然后对拍，同时唱十二月民谣："正月儿正，大街小巷挂红灯；二月二，家家摆席接女儿；三月三，蟠桃宫里去游玩；四月四，男女老幼游塔寺；五月五，白糖粽子送姑母；六月六，阴天下雨煮白肉；

注释⑤⑥ 刘兆元：《海州民俗志》，江苏文艺出版社，1991年。

七月七，坐在院中看织女；八月八，穿"自由鞋"走白塔；九月九，大家喝杯重阳酒；十月十，穷人着急没饭吃；冬月中，公园儿北海去溜冰；腊月腊，调猪调羊过年啦。"[7]

轱辘板儿撞碑

该活动参加游戏者两人。以某种方式定出先后，画一线为界。先行者将铜钱如车轮状顺着规定的界线轱辘，待其停下后，用沙土在落点上将铜钱堆立起来，如一个小碑。另一人用同样办法轱辘另一枚铜钱去撞，把小碑撞倒为胜，滚出界外为败。

二人三腿跳

该活动由两个人玩，相邻两条腿拴在一起，然后三条腿一起跳动，或者共同滑冰，以此为乐。如《冰嬉图》上就有此类活动内容。

四 玩车骑马

此类游戏，包括玩各种儿车和骑竹马，这是流行极为广泛的游戏。

骑竹马

骑竹马是一种儿童集体性游戏。远在唐宋时期的壁画等文物上就有儿童骑竹马的形象。到了明清两代有关记载就比较多了。在古代绘画中也有儿童骑着竹马，或与成年人嬉戏的情形。

儿童们常喜欢拿取许多根竹竿，每人一根。骑竹马时，左手握住竹竿上端，另一端拖在地上，儿童骑在竹竿上，右手扬鞭驱马，作奔驰状，或者握刀扮作拼杀状。在我国古代的骑竹马形象中，种类也不一样，最简单的仅仅是骑一根竹竿，进而在竹竿头上拴一马

1-21 唐代壁画骑竹马 《寻根》

注释[7] 王文宝：《北京民间儿歌选》，浙江人民出版社，1982 年。

头，或者为竹马穿上衣服，以后发展成北方花会内容之一。

此外，还有一种骑马游戏，即儿童的双手搭在另一儿童的肩上为"马"，第三个儿童骑在"马背"上，前有一人牵"马"而前行，这种人马游戏更具有集体性。

1-22　金代骑竹马铜镜　《文物》

1-23　宋代骑竹马瓷枕图案　《文物》　1-24　骑马游乐　《中国儿童》　1-25　驾驭自娱　《吴友如画宝》

儿　车

儿车是儿童们玩耍的车，种类繁多，花样翻新，基本是以木料制成的，但是多为四轮，其上装饰有各种动物或器物。《锦绣万花谷》引张华《博物志》："小儿五岁曰鸠车之戏，七岁曰竹马之戏。"这说明车戏更为古老，其主要有以下各种：

鸟车　鸟车是在两个轮子的轴上安一立鸟，前面有儿童用线绳牵引的玩具。在《授衣广训》里就有这种儿车的形象。

鸭车　鸭车又称"摇头鸭车"，该车为四轮，有车箱，箱内有一鸭，在车的前轴有一凸起形弯轴，上连鸭头，当车轮滚动时，便会带动鸭头摇摆运动。

兔车　兔车是在四轴的小车上安一兔头，在《点石斋画报》《吴友如画宝》等图册中均有类似形象，是儿童们十分喜爱的玩具。

狗车　这种车是在四个轮的车上安一个平板，其上有一木狗，或安一只木鹿，也是儿童们的重要玩具。此外还有狮子车等。

瓶车　这种儿车比较特殊，一般是两轮，在轴的两侧分别安一花瓶，然后在轴上安一斜向木棍，儿童可以拉木棍使瓶车转动。

学步车　这是一种婴儿学步时使用的三轮手扶架车，既是幼儿的玩具，又可供婴儿学步，多流行于城市百姓家中。

三轮车　这是小孩子骑玩的铁车，胶轮，前边一个轮，后边两个轮，前有双手扶把，后有座位，是四五岁小孩子玩的童车。

1-26　清代粉彩婴戏瓶骑竹马图　《东南文化》　　　　1-27　清代粉彩婴戏儿车　《东南文化》

篷车　该车有两轮，安有车身和车篷，儿童可手牵绳拉车。宋代苏汉臣《婴戏图》中就绘有这种车的形象。

线车　浙江畲族有一种小儿线车，它是以一根木筒为轴，中间插一根活杆，又称拉杆，上安十字形叶片，竹筒下边一侧穿一孔，事先在拉杆上缠绕若干圈线，

1-28　冠带传流玩轮车　《中国吉祥图案》

从上述孔中引出。玩耍时，左手握竹筒，右手反复拉线，上面的叶片即旋转如飞。此外，台湾儿童喜欢玩一种长柄形一轮车，也是非常有特色的。

1-29　童戏儿车　《故宫文物月刊》

1-30　加官进禄戏儿车　杨柳青年画

1-31　走路车　姜丽绘

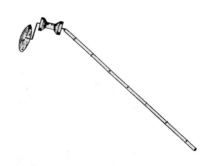

1-32　台湾长柄车　《民族学研究》

1-33　小三轮车　姜丽绘

1-34　鸟车　《授衣广训》

五 旋转游戏

滚铁圈

滚铁圈，又名"滚铁环"。铁环之戏远在汉代时就为百戏之一，如在四川德阳汉代画像石上，就有玩耍铁圈的形象。这里所说的滚铁环是儿童单人或多人进行的游戏，所用工具有两种：一种是用铁条围成的铁环，直径60至70厘米，有些铁环上还带有几个小铁圈；一种是推棍，也是用铁条或用粗铁丝制成的，长60厘米左右，一端为木把手，另一端有一弯槽，以利铁环在槽内滚动。玩时，先在地上把铁圈滚起来，然后以推棍推铁环滚动，可比速度，也可以转动花样比技巧。

捻 转

这是儿童常喜爱玩的旋转性游戏。捻转形制不一，玩法各异。一种是用铜钱捻转，取铜钱一枚，插入一段木竹，下端削尖，上为手捻，玩时，用手指捻动，即可不断旋转。另一种是用木头捻转，取一立方木质物体，下端削为四面斜坡状，上面插有一小竹棍充当"捻手"。还有一种是铁质捻转，它是用白铁片剪成的铜钱圆状，在中央插一木棍，上为捻手，下呈尖状，用手指捻动，即可旋转不止。

1-35　儿童玩捻转　杨柳青年画

转　磨

转磨，又名"小驴推磨""枣磨"，台湾称为"小猪推磨"，此戏由来已久。在宋代苏汉臣《秋庭婴戏图》中就有婴童推枣磨的游戏形象。在河南济源出土的宋代瓷枕图案上，也绘有这种游戏的图案。至今在民间犹存。此玩具做法很简单，取四枚青枣，其中一枣去掉一半枣肉，保留枣核尖，其下安有三根竹篾为足。另外取一根长竹篾，两头各插一枣，将竹篾正中放在上述枣尖上，力求左右平衡，然后用手拨动即可旋转。在磨盘下，多放置一青枣，并安有头、四肢和尾巴，象征"驴"或"猪"，即可玩耍。

1-36　宋代瓷枕枣磨图　《文物》

1-37　童戏枣磨　《故宫文物月刊》

六 手 戏

手戏是相当丰富的，最简单的是"逗逗飞"，即成年人以两食指相对，不断相触、分离，唱道："逗逗飞，逗逗、逗逗飞。"以此来戏乐婴儿。

"上下楼"是以右手食指顶住左手拇指，右手拇指顶住左手食指，上下移动，以越点越快为戏。

"猜中指"是用右手掌把左手五指握住，但均露出指头，然后让小孩子猜出哪个为中指。

"手指画"是将食指第一关节弯入虎口内，露出其关节，并在其上画人面头状，且握掌，一喊"变"，即张开指头，则出现人面形象。

❀ 手影戏

手影戏是以手做一些动作，在灯光映照下，可以从墙上看到各种影像。起源于南宋浙江一带。宋代耐得翁《都城纪胜》："杂手艺皆有巧名：……手影戏"。洪迈《夷坚志》："尝遇手影戏者，人请之占颂，即把笔书云：'三尺生绡作戏台，全凭十指逞诙谐。有时明月灯窗下，一笑还从掌握来。'"手影的形态颇多，如两手掌对合，拇指交叉挺立，其他双手四指也交叉，其中无名指、小拇指合并，并不与中指、食指开合，可形成狼头影。兔影也是孩童们常玩的，即一只手的大拇指、中指与无名指相合弯成环状，向下，食指

1-38 手影戏 台湾《汉声》

和小拇指上下摆动，可出现小兔子的生动形象。诸如此种手影戏还有很多。

1-39　翻撑　姜丽绘

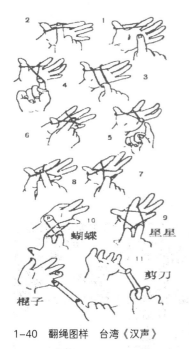

1-40　翻绳图样　台湾《汉声》

翻　撑

翻撑，又名"翻绳"，《聊斋志异》称为"交线之戏"。通常是由两三个儿童一起玩，取一米左右的线，打成一圈，具体玩法很多。开始由甲撑线儿，两手抬起，掌心相对，将环形绳一端套在左手除大拇指以外的四个手指上；另一端套在右手除大拇指以外的四个手指上，左右各被绳套的四个手指，分别再绕上一圈绳儿，右手中指挑起左手心所绕之绳，左手中指挑起右手心所绕之绳，两手之间呈下各有一横的对称之斜十字，乙即可翻玩儿。还可用双手之拇、食二指分别插入斜十字之横空当，向下用力撑住，也可拇指插入斜十字横空当后将绳稍用力向外提拉，再由下面横绳线从外向内挑起，也可先以两手之小指钩起下面的横绳，再用拇指、食指插入斜十字横空当挑撑，两人来回翻撑。每种玩法都有一定名称，也各有自己的形态。其中有单鼓架、双鼓架、鸳鸯扣、翻天印、面条、床、枕头、窗台、厕所等等。也可以一个人自己玩，即用左右手互相配合，进行翻撑。此外，还有一种翻皮筋游戏，其玩法也与此相似。

手脚赛

此游戏多在儿童中进行，分手赛和脚赛两种。少则两个人，多则五六人。为了排列先后顺序或某种事情分不出谁先谁后，就用此种游戏决定输赢。手赛是用打手势来决定胜负的，攥拳头代表石头，伸五指代表布，伸中指和食指代表剪刀。脚赛是用打脚势来决定的，双脚并齐代表石头，左右分开代表布，两脚一前一后代表剪刀。石头能砸剪刀，剪刀能剪布，布能包石头。每当出手或出脚时，口中唱道："石头、剪子、布！"此游戏玩法虽简单，但想连续取胜并非易事，还得分析对方心理和习惯性出法。

第二章·制作类

　　制作类玩具，是指利用各种原料制作的玩具。中国的玩具特点之一就是实践性强，游戏者常常参与实践活动，如捉鸡、抓蟋蟀、渔猎等多种活动。此外还有一种制作性的玩具与游戏，其中有三种最为流行：一种是纸戏（折纸、剪纸）；另一种是雕塑，包括泥、陶、石、玉、瓷、木等质地的雕刻玩具；还有一种是绘制游戏，如冬至节期间少年、妇女们所喜爱绘制的消寒图。

一 捏塑玩具

捏塑玩具是以泥土制作的玩具，具体又分三种：泥塑、陶塑和瓷玩具。

泥塑玩具

泥塑玩具是以各种泥土塑造的娃娃、动物、器物等玩具，外多施彩，供儿童们玩耍。这种玩具可以追溯到新石器时代，一直沿用至今。在湖北出土两只陶鸟，以手捏制，红色，一只长尾鸟在伸头，另一只短尾鸟在飞翔。在长江流域石家河遗址，曾发现数以千计的泥塑小动物，尽管它含有一定的巫术意义，但是也不排除用于小孩子们的玩具。不过，远古时期的泥玩具是难以保存下来的。新疆阿斯塔那地区出土一批唐代彩绘泥塑劳动群俑，其中有推磨、杵臼、擀面等活动。泥塑玩具在宋代已相当流行，当时称

2-1　大阿福　无锡泥人

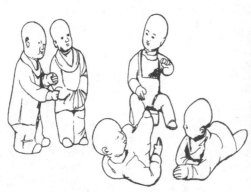

2-2　宋代泥塑婴戏俑　《中国民间玩具造型图集》

2-3　彩绘泥塑乐女俑　无锡泥人

2-4 童祭兔爷 《故宫文物月刊》

"磨喝乐"。《东京梦华录》："七月七夕，潘楼街东宋门外瓦子，州西梁门外瓦子，北门外，南朱雀门外街，及马行街内，皆卖磨喝乐，乃小塑土偶耳。""磨喝乐"出自佛语，为释迦牟尼在俗时之子，后成为十大弟子之一。被制成泥偶的形象是一个小孩子打伞玩耍状。在江苏镇江出土的宋代泥塑婴戏俑中，有两个孩子在翻跟头，其他三个孩子在评论观望。近代各地都有不少泥塑艺术品，如天津泥人张、无锡大阿福、淮阳泥泥狗、陕西凤翔彩绘泥俑。泥塑造型夸张、简练，质朴大方，不限于人物，还包括动物类。长江中下游地区的玩具，以泥巴捏塑成鸡形，涂红绿色，鸡嘴插一根芦苇为舌簧，冠饰鸡毛，吹如鸡鸣。镇江出土的泥塑童戏，就是较古老的泥塑玩具。泥玩具除

2-5 彩绘泥虎 山东泥人

成年人为儿童捏塑以外，儿童本身也以玩泥土为戏，古画中的"玩泥菩萨""堆佛塔"等均是。其实佛教中有堆沙敬佛仪式，也是玩泥游戏盛行的原因之一，傣族儿童就有堆沙之戏。

兔爷是北京特有的泥塑玩具，顾名思义，就是泥捏的兔子。内为胶泥，外绘制彩色，大小不一，中空，另外以两根竹签为骨，塑两只兔耳，插于兔爷头上，这是中秋节的重要玩具。《燕京岁时记》："每届中秋，市人之巧者用黄土搏成蟾兔之像以出售，谓之兔儿爷。有衣冠而张盖者，有甲胄而带纛旗者，有骑虎者，有默坐者。大者三尺，小者尺余。"在八月十五中秋节还举

2-6　清代彩绘兔爷　《民间文学论坛》

2-7　唐代彩绘泥塑俑　《中国民间玩具造型图集》

2-8　泥泥狗　淮阳人祖庙

2-9　泥塑鸟　淮阳人祖庙

2-10　泥塑马、泥塑骆驼　《中国民间玩具简史》

2-11　清代大阿福　《中国美术全集》

行祭兔风俗，兔爷祭祀时为神灵，事后就变成玩具了。北京的泥玩具不限于兔爷，还有泥做的马车、轿车。此外，还有玩泥饽饽儿的，其中有两种：一种是磕泥饽饽儿，先找一点儿带黏性的黄土，兑上水，搅合成一大块黄土胶泥，然后在平的硬地上或石头上摔，使胶泥细润，再拿起模子，在里边撒一点儿干黄土末儿，揪下一块胶泥放进模子用手压平，再将模子中的胶泥在地上轻轻磕出，阴干后即可，也有放进火炉里烧成的，变成了红色；另一种是捏泥饽饽儿，它不是用模子，而是用手揪下一块和好的胶泥，一手用大拇指和食指将它捏成扁形，另一只手的大拇指和食指放在扁泥两侧不停地移转胶泥，一手捏压，一手捏转，很快就捏成了一个扁圆的小泥饽饽儿，也有捏成小馒头、小窝头、小泥球等状的，然后阴干。①

　　不倒翁，又名"扳不倒儿"，是各地都流行的泥偶。该玩具为鸡蛋形，下以胶泥塑制，上用纸糊成，较轻，外绘成老人、寿星等形象，因其头轻脚重，无论怎样推拉，都能左右摇摆，倒而复起，是儿童嬉戏游乐的玩具。

陶　塑

　　陶塑是指用泥制成玩具后，又用火烧制，成为坚硬的陶玩具。这类玩具历史悠久，自有陶器以来，成年人在制陶时就顺手做一些人物、动物、器皿等，烧制后给儿童们玩耍。在浙江河姆渡遗址出

注释① 王文宝：《北京民间儿童娱乐》，北京燕山出版社，1990年。

土的陶船距今已有七千年之久，当是我国最早的陶玩具，该遗址还出土了一件陶猪，也应该是玩具。还有西安半坡遗址出土的人头玩具，江苏邳州大墩子出土的陶屋，青海乐都柳湾出土的小陶罐，都是比较古老的陶塑玩具。这类玩具后来也有流行，如唐代的绿釉陶鸡、骆驼，宋代的母猴等。北京还流行一种泥娃娃，也是一种陶制玩具，制作方法是用胶泥烧制而成，外施彩色，是小孩子最喜欢的玩具之一。特别是春节期间，小孩子跟父母逛庙会，或上街游玩，大多要买一个逗人喜爱的泥娃娃带回家。在春节商业性的游艺中，各地庙会所摆放的物品中也有泥娃娃、陶鸡哨玩具。

　　民族地区也有陶玩具。广西壮族制陶时，往往制作陶鸡、陶鸭，供小孩

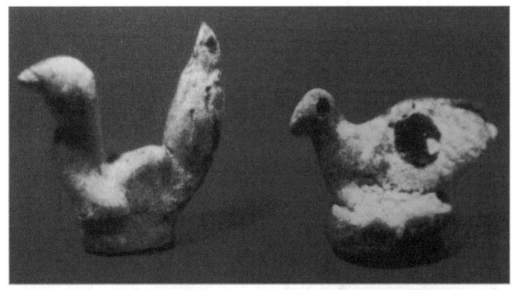

2-12　陶鸡哨　《中国美术全集》

2-13　唐代绿釉陶鸡　中国国家博物馆藏

2-14　彩绘不倒翁　台湾《汉声》

2-15 卖泥塑玩具 张毓峰绘

玩耍。贵州布依族则制作各种陶哨，供小孩子吹奏。

瓷玩具

瓷玩具是从隋唐时期开始流行的。考古发现不少，如武昌何家垅出土的唐代瓷猪，湖南铜官出土的瓷猪，宋代的白瓷虎哨、白瓷童子、盘髻娃娃等等，都是精美的瓷玩具。

2-16 宋代白瓷虎哨 《中国民间玩具造型图集》

二 草木玩具

利用草、竹、棕、木等原料，制作各种玩具，[②]在民间广为流行，其中有小孩子自制的，也有大人们为小孩子制作的。

草制玩具

草是各地都生长的植物，人们取草制玩具，是最方便不过了。浙江流行以草编成各种动物，如螳螂、龙等。北方在送灶神时，往往用草编马，供灶神骑用。北京的小孩子多以草编制蝈蝈笼玩具，一种是用马兰草编制的，该草生长在田地旁，拔下几根青青的马兰叶，便坐在地上编玩起来。例如用两根马兰叶对折相套，然后在交叉处不断相叠，最后折拉成一条棱鞭状；再如，用四根马兰草叶，每根对折，在对折处用四根马兰叶一个套一个，连锁套住，再一层一层地套，最后编成一个高高的小立方体。另一种是编兔儿草，在叶子上结出一个个顶部呈无数针状的小圆刷子。夏秋之季，孩子们拔下一根根兔儿草拿着玩，有的用数根兔儿草缠绑成露出两只"耳朵"的小兔儿头的形象。

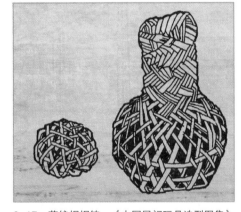

2-17 草编蝈蝈笼 《中国民间玩具造型图集》

此外，还有制成苇笛玩。方法是将苇叶撕下一条儿，由叶尖裹起，层层向下错落，形成上小下大之小圆锥体，再用线将底层苇叶系牢，尖端处用手捏成扁嘴状，放在嘴上即可吹响。[③]

2-18 北京苇笛 姜丽绘

注释② 王连海：《中国民间玩具造型图集》，北京工艺美术出版社，1994年。
注释③ 王文宝：《北京民间儿童娱乐》，北京燕山出版社，1990年。

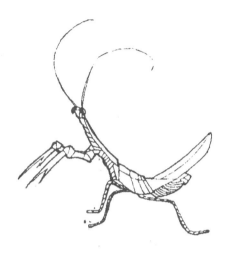

2-19 浙江草编玩具 《中国民间玩具造型图集》

🌸 秫秸玩具

利用秫秸也可以制成各种玩具。在华北、东北地区，小孩子取一节秫秸，一头劈为开口，夹住一石子，手握另一头，可以把石子甩出去。还有一种弹枪，又称秫秸枪，制作时把秫秸外皮撕成条状，把芯挖去，在有节的一头挖一凹处，可置石子，发射时，一手握秫秸头，另一手向内压秫秸，然后松开，石子就能弹射出去，这是北京少儿们最喜欢玩的游戏之一。此外，他们也用秫秸编成灯笼，先取一节约半尺长的干秫秸，用小刀从秫秸心之一端切成十几条细小篾儿，分别嵌入秫秸心儿上，制成一灯笼形。编制小动物也相当盛行，通常劈细篾儿六条儿，横排三条儿，一根稍长的竖条编进横放的三条篾儿中间，再斜交叉编入两条细篾儿，

2-20 秫秸灯笼 姜丽绘

将斜条细篾儿四端各向下折弯成相同的距离，作为动物的四条腿，中间竖条细篾儿向上向前折成动物的头样，另一端向上折成动物的尾巴。

另外，也有编制成眼镜的。用秫秸芯儿和细篾儿可以做成直径约一寸的"眼"，眼镜为两条细篾儿弯成，每条细篾儿各穿上一小节儿秫秸芯儿，细篾儿两头儿接插在另一小节儿秫秸芯上，两只眼睛之间用一小段儿细篾儿牵连，再用两根约三四寸长的细篾儿，一端插在眼镜两边秫秸芯儿上，另一端折弯成钩状。④

注释④ 王文宝：《北京民间儿童娱乐》，北京燕山出版社，1990 年。

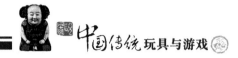

竹编玩具

竹子也是制作玩具的原料，尤其是在南方，取一节竹筒，两头穿通，含在嘴内吹奏，这是大人、儿童都喜欢玩的。海南的竹子很多，用其制作弓箭、老鼠夹子等玩具极为普遍，但这些又是实用工具，可以打鸟、捕鼠。在城市和一些农村则制作比较精巧的竹玩具，如广东新会的竹鱼，上海的竹龙，北京的毛驴过桥，安徽的竹船、竹篮，等等，都是竹玩具的精品。

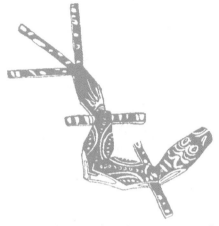

2-21　上海竹龙　《中国民间玩具造型图集》

2-22　北京竹驴　《中国民间玩具造型图集》

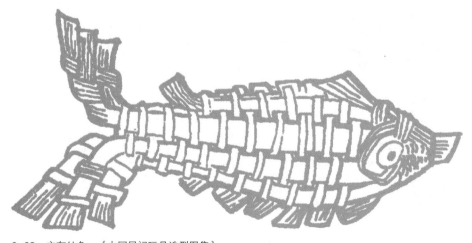

2-23　广东竹鱼　《中国民间玩具造型图集》

棕制玩具

在江南民间还利用棕树皮制作玩具。浙江盛产棕树，就利用棕树皮制作玩具。一种是拉叠，即用棕树叶折叠而成，可以通过拉动变长变短。另一种是蛇吞，即用棕榈叶编成，有手指般粗，只要把手指套进去，另一个人拉着蛇尾巴，就会越拉越紧，所以又称"蛇贪"。只要一放手，又往回缩，手指即可拿出，因它伸缩性强，一拉就紧，一放就松，很是好玩。[5]棕制玩具比较精细的代表有北京的棕人，四川的棕鱼、棕猪、棕狮子，等等。

2-24 北京棕人 《中国民间玩具简史》

2-25 四川的棕狮和棕猪 《中国民间玩具造型图集》

注释⑤ 兰周根提供。

🏵 木制玩具

利用木料制作的玩具也比较普遍。可以说，绝大部分玩具都是用木料制成的。其实儿童们在使用木料制作玩具之前，已开始利用树枝、嫩树皮制作玩具了。如北京儿童们常玩的一种柳笛，就是用柳树枝的嫩皮制作的。每逢春天，便截取约一寸长的柳条，用手搓揉，使皮枝之间松动脱离，将青皮中的白木芯捅掉，只剩下筒状的小管儿，放在嘴上吹，即可发出声响。东北的儿童称其为"柳条喇叭"。此外，很多地区都流行木制玩具，如昆明的木马多安有四轮，山东的木燕车也安有双轮或四轮，河南的木棒娃娃则是利用木棒雕制而成，陕西洛川有一种木片人物玩具，四肢能活动，与陕西皮影很相似。

2-26　云南木马车　《中国民间玩具造型图集》

2-27　山东木燕车　《中国民间玩具造型图集》

2-28　河南木棒娃娃　《中国民间玩具造型图集》

三 食物玩具

以食品做的玩具是很丰富的，北京就有两种：

一种是画糖人。旧时北京街头常见有画糖人的小贩，既是玩艺儿，又是食品，很受孩子们欢迎。一般是先用一大铁勺锅熬糖稀，然后手握勺柄在光洁的石板上用糖稀画孙悟空、小猪、小马等物，再用一根竹签粘之，即成。还可以先画平面后拼粘成汽车、房子、飞机、花篮等立体形。画糖人还有带转彩的，即在一个木盘中心安一横转竿儿，玩者付钱后，可拨动转竿儿，如竿头指在画有"飞机"处便得一"飞机"，如指在画有"大刀"处便得"大刀"，如指在转盘空档处，只能得到两个纽扣大的小圆糖饼。这种游戏甚得孩子们的喜欢，既做了游戏，又能吃到糖饼。近些年来，北京街头又偶有出现，但是此种食品不太卫生，目前玩者已不多。⑥

2-29 吹糖人 《北京风俗图谱》

注释⑥ 王文宝：《北京民间儿童娱乐》，北京燕山出版社，1990 年。

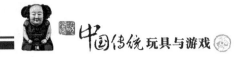
另一种是吹糖人。旧时北京街头常有挑担吹糖人的小贩。前面担笼内有小炉火熬制糖稀，做糖人时取适量的糖稀稍捏制成长方形，再放入模子中用力吹，开模儿即可形成糖人，有时吹好后还要再做进一步加工。[7]一般在担子前面的担笼上放置一横木，将吹好的糖人插在横木的小孔上，招引买者，孩子们喜欢看也喜欢买，买后观赏完了就把它吃掉。这种"糖人儿"也欠卫生，现在虽也有吹糖人的，但儿童只看不吃。还有一种玩江米人的。把江米面用水和成一团，分别掺揉进不同的颜色，艺人以娴熟的技术，用彩色江米面在小苇棍上捏成孙悟空、唐僧、猪八戒等戏曲人物，

2-30　江米人　《北京风俗图谱》

2-31　捏面人　民间烟画

注释⑦　王文宝：《北京民间儿童娱乐》，北京燕山出版社，1990 年。

2-32　山西面娃娃　《吕胜中作品》

形象生动，色彩鲜艳。北京街头时有艺人捏江米人出售，往往在他支箱捏面人时，
会招引许多大小孩子围观，成为一道街景。在春节庙会上，一般都有卖江米人和
面人的，很受孩子们的欢迎。

四 布制玩具

布制玩具在全国都很流行。如北京布制玩具就比较多，小型的如布老虎、布驴、布鼠、布兔、布猴、布骆驼和布娃娃等等。此外，还有一些小孩爱玩的布游戏，王文宝先生在《北京民间儿童娱乐》书中介绍的就有十几种，其中有：

织毛 这是女孩子们喜欢玩的手工艺。比较简单的是用两根毛衣针练织，稍复杂一些的是用四根毛衣针织成小围巾等物。通常是几个女孩子坐在一起，你教我学，互相欣赏。

手帕老鼠 这是女孩子爱玩的一种小游戏。将一块小手帕对角折成一个大三角形，再将左右两底角折向底边中间，然后双手翻转底边向上三折，双手将手帕翻一个过儿。将左右两底端再折向底边中间，双手再转翻底边向上一折，将手帕顶角塞入手帕折缝中，将另一边的折缝向外翻，下面又露一折缝，再向外翻，再将折叠后手帕薄的部分翻过来，便露出手帕的两角，将两角轻轻揪出，其中一角折系一个小两角，即是老鼠的头耳，另一角是鼠尾。头向内托在手掌中，手指

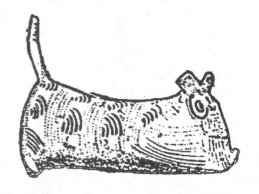

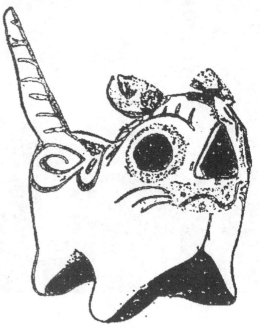

2-33 布老虎 《美在民间》

拨动"鼠尾"，似老鼠向前爬动状，再将它滑向手心，再拨动"鼠尾"，反复动作，以便逗引别人。

2-34 布老虎 《奇妙的中国民间玩具》

　　缠粽子　　旧时北京每到农历端午节前，小孩子就到绒线铺买一些彩色丝线，缠纸粽子玩。先是用较硬一点儿的纸剪成长条，从一端开始，以甲角为对折线，使乙角对折过去至甲丙边处，再从丙丁一线折过去，这样往下折个八九次，再打开。以乙角对准丁角，然后甲乙丙丁戊扣折下去，再裹折几下，即成一扁形状五角六面的粽子形。"粽子"上常缠以红红绿绿的丝线，并穿缀上若干颗小玻璃珠子，下端系一束丝线做穗儿，端午节那天挂在胸前，或拿在手中玩。

　　彩丝系虎　　是农历端午节的一种游乐活动。《燕京岁时记》："每至端阳，闺阁中之巧者，用绫罗制成小虎及粽子、壶卢、樱桃、桑葚之类，以彩线穿之，悬于钗头，或系于小儿之背。古诗云：'玉燕钗头艾虎轻'，即此意也。"寓有防邪瘟之意。一般贫困人家则普遍用彩色布头儿缝制。[8]

注释⑧　王文宝：《北京民间儿童娱乐》，北京燕山出版社，1990年。

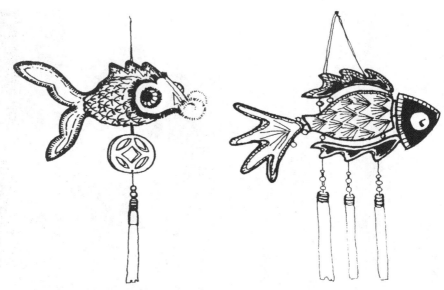

2-35 布鱼玩具 《中国民间玩具造型图集》

山东有布虎、布驴、布马、布猪、布猴等物，还有布娃娃、十二生肖、绣球、袖头、麒麟送子等玩具。安徽不仅有布老虎，还有布毛驴，具有一定特色。江苏还流行布金鱼。⑨

2-36 彩丝系布虎 《中国民间玩具简史》

注释⑨ 王连海：《中国民间玩具造型图集》，北京工艺美术出版社，1994年。

五 纸制玩具

以纸为戏是很普遍的，其中包括两种：一种是折纸为戏；一种为剪纸。一般是由母亲操作，或者是小孩子自制。

折 纸

折纸，又名"叠纸"，是利用纸折成一定的形状物，作为儿童们的玩具，这是最简单的，也是最古老的玩具。不过最早并不是用纸，而是利用植物叶片、树皮为戏。随着造纸术的发明才出现折纸术，折纸内容因时代而异，主要有三类：

一是人物类。如娃娃、警察、舞蹈人等。

二是动物、植物类。如金鱼、猫、兔、狗、鹤、鸟、喇叭花、菖蒲花等。在北京有一种折神尾巴燕。方法是将正方形纸对角折成一对角线，然后两手各提对角线的两角在线的中点翻折，先后掀起另两角拉长对中而折，成一菱形，将原来的一角向内上折成鸟头形，另一原来的角向内斜上方折去成一小鸟尾形，将另两角分向左右下方折去，成小鸟的两只翅膀形。玩时，一手捏纸鸟的脖子，另一只手拽拉鸟的尾巴，纸鸟翅膀便会上下扇动，生动活泼，栩栩如生。另外还有一种折盘蟾，方法类似。

三是衣、物类。如衣服、裤子、帽子、桌子、椅子、枪、杯子、飞机、船等物。

另一种为小纸镖。正方形、长方形均可。如用长方形纸，先横着对折，再将两面的同一头的纸角折向中线，共折三次，然后松手，即成一尖头宽尾的小纸镖，手握中缝折纸处向空中抛

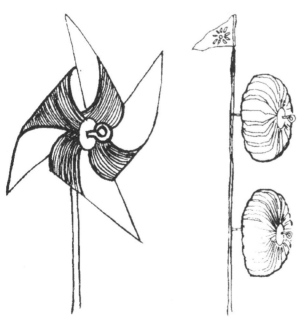

2-37 纸风车 《启蒙画报》

去，小纸镖即可飞向远方。

还有一种纸风车。方法是剪一块正方形的电光纸或其他相类似的纸，画两对角线或折叠成对角线，从四角尖处沿对角线各剪对角线约三分之一，形成八个角，在纸的中心处粘一小段秫秸，然后顺每边各弯一个角叠粘在小段秫秸上端，稍吹干后，在秫秸中心穿一细铅丝，风车顶端处的铅丝弯一挡环，铅丝另一端插入大约半

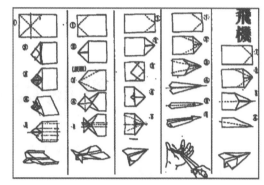

2-38　折纸飞机　台湾《汉声》

尺秫秸处，用手握之，平向前跑，纸风车即会随风旋转不止。还有一种，用图画纸剪成约四寸长、半寸宽的三个小纸条，每条中间对折，三对折纸条互相套住，成一尾尖尖状，纸条要拉紧，用一铅笔挑之横推，便可转动，如轻轻跑动，小纸风车便会快转。[10]

此外，北京还流行一种男童"拍三角"游戏，即把香烟纸折叠成三角状，放在地上，然后以手用力拍地，借助手劲的风力让烟盒纸翻转为另一面为胜，并以赢"三角"数多者为胜。

上述纸玩具，大人、小孩儿都可制作，人们通过这种游戏，可得到无穷的乐趣，获得知识，智力也得到了训练，把儿童锻炼得心灵手巧，也增加了孩子们想象的空间。

❀ 剪　纸

剪纸必以纸为原料，但我国从汉代才开始有纸，在此之前当以帛、金属片剪制而成各种艺术品。河南郑州就出土过金制夔龙凤纹薄片，汉代还有金箔刻花，这些工艺对剪纸有一定的启迪。自从有了纸张以后，人们就开始用纸剪成各种工艺品，玩耍欣赏。魏晋以来，民间以纸寓钱，为亡

2-39　马到成功剪纸　民间剪纸

注释⑩　王文宝：《北京民间儿童娱乐》，北京燕山出版社，1990年。

2-40 马上平安剪纸 民间剪纸

者送葬时用之。1959 年在新疆吐鲁番阿斯塔那出土过纸钱，如银锭状，为剪纸原始形态的雏形。该地区还出土有南北朝时期的剪纸，有对马团花、对猴团花、八角形团花、忍冬纹团花、菊花形团花。唐代安史之乱时，杜甫在途中写《彭衙行》，其中提到"暖汤濯我足，剪纸招我魂"。以剪纸给人招魂，具有宗教性质，但使剪纸广为流传开来。到了宋代出现了剪纸艺术。剪纸本出于信仰内容，但对民间图画、纹样都有重要影响。民间剪纸游戏是很广泛的，有"嫦娥奔月""牛郎织女"的传说，有戏曲人物故事，有祈求福禄寿者，有求子孙者，有辟邪者，有止雨扫晴娘、送疾娃娃，等等。但是以纸马最为古老。纸马有近千年历史，可能起源于焚纸钱。清代王棠《知新录》："唐玄宗渎于鬼神，王玙以楮为币，今俗用纸马以祀鬼神。"宋、元以后则更为流行。虞兆漋《天香楼偶得》："俗于纸上画神佛像，涂以红黄彩色，而祭赛之，毕即焚化，谓之甲马。以此纸为神佛之所凭依，似乎马也。"不难看出，纸马就是神像，又称"贵人""禄马""甲马纸""案子""马子""神马""符禄"。

剪纸是少女们最为喜欢的游戏，也是她们的母亲首先教会她们的女红，因为妇女必学剪纸，象征心灵手巧。山西有首民谚：

一剪高天明月亮，二剪兔儿灵芝草，
三剪凤凰双展翅，四剪鱼儿水上漂，
五剪五百真罗汉，六剪松柏叶儿尖，
七剪生，八剪肖，八剪嫦娥手儿巧，
九剪仙女下凡来，十剪菊花傲双开。[11]

可见少女们剪剪纸，不仅是游戏玩乐，而且是应掌握的一种本领。

注释[11] 倪洪泉，王春立：《年画与剪纸》，中国展望出版社，1984 年。

六 消寒图

　　消寒图，又名"九九消寒图"，是每年农历冬至后，少女玩耍绘画的玩具。在我国古代以二十四节气计时，冬至为二十四节气之一，即在大雪后的第十五天为冬至。该日北半球白天最短，夜间最长，是一年最冷的日子，冬至又称"冬至节""消寒节""长至节""数九节"。从冬至起，每九天为一九，九九八十一天后才逢春，因此在此期间户外活动较少，室内娱乐活动较多，其中就包括制作消寒图。从明代起，民间已大批量制作消寒图，种类很多，如：

　　诗词消寒图　是以一句九言诗组成，每字皆为九画，如"亭前垂柳珍重待春风""雁南飞柳芽茂便是春""春前庭杨柳送香盈室"，每九涂一个字，每天涂一画，

2-41　管城春满消寒图　《紫禁城》

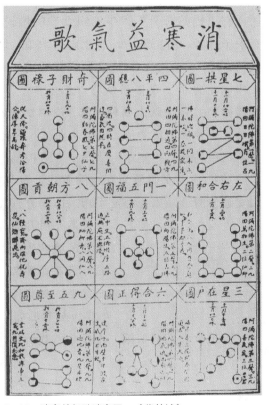

2-42　消寒益气歌消寒图　《紫禁城》

2-43　葫芦消寒图　《民俗》

涂尽九九八十一天即结束。

　　圆圈益气消寒图　以八十一个圆圈组成，每天涂一个圆圈。《燕京岁时记》："消寒图乃九格八十一圈。自冬至起，日涂一圈，上阴下晴，左风右雨，雪当中。"

　　梅花消寒图　绘一枝梅花，共八十一瓣，每天涂一瓣，涂尽则"数九"尽。

　　葫芦消寒图　以葫芦为中心，内有"雁南飞柳芽茂便是春"，集诗文、绘画于一身，也是以涂诗词笔画记"九九"进程的。

　　娃娃消寒图　该图以十二生肖为图样，内

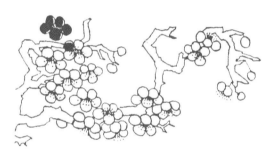

2-44　梅花消寒图　郑婕绘

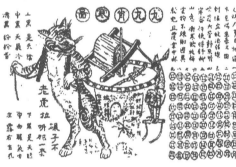

2-45　老虎拉碾消寒图　《紫禁城》

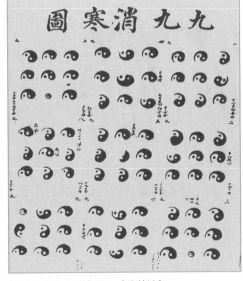

2-46　阴阳鱼消寒图　《紫禁城》

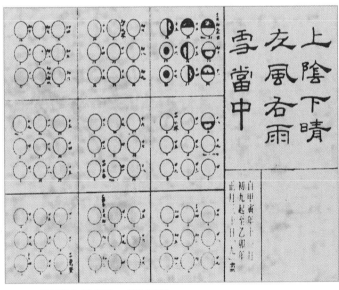

2-47　圆圈益气消寒图　《紫禁城》

画九个娃娃，代表九九，在每个娃娃身上有不同数目的装饰图案，如一、二、三、四直至九，代表九数，也以涂色记录九九进程。

四喜人消寒图　画上有两组小孩儿，每组横竖看都是四个小孩儿，类似连体形，根据其部位，绘有八十一笔，也象征冬去春来。

阴阳鱼消寒图　该图由八十一条小鱼组成，每九条鱼为一九，每条鱼又有黑白之分，象征天气阴晴变化。

此外，还有其他形式的消寒图。[12]

九九消寒图对指导农事有重要作用，可记录每年数九时期的气象情况，对来年粮食的丰收有借鉴价值。同时它又是一种重要的益智游戏，不仅宫廷内流行，民间也广为流传，其中涉及天文气象、诗词、绘画等内容，对教育少年儿童有积极意义。

2-48　娃娃消寒图　《中国美术全集》

注释⑫　李露露：《九九消寒图》，台湾《汉声》1992年第38期。

第三章·音响类

　　音响玩具是指可以发出一定声响的玩具，它取材多，形式杂，历史悠久，在玩具中占有重要地位。其中主要有哨、陶埙、响球、号角、笛、摇铃、喇叭、噗噗噔、敲击、鹿哨、拨浪鼓、手鼓、太平鼓、腰鼓等等。

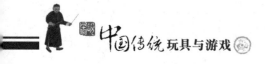

一 敲击玩具

敲击玩具一般是以一定的工具敲击另一种物件，发出一定的声响，以供娱乐。在北京的儿童游戏中，有这样几种敲打玩具：

一种是小梆子。这是过去北京儿童喜欢玩的一种敲击玩具，木制，一般长2寸，宽1寸，上宽，下尖，中空，下面中间安一握手把柄，另有大约3寸长的小木锤。玩时，一手持小梆柄，另一手拿小木锤敲击木梆柄横侧面，即发出清脆悦耳的声响。

一种是小铜镲。直径约2寸，是幼儿们喜爱的玩具之一，一般在玩具摊铺有售。一对小镲，常用1尺左右的线绳将它们系连在一起，线绳两端各由镲心凸面之小圆孔穿入，然后系成比镲孔大的结扣。这样，既便于持握，又利于保存。玩时，幼儿两手各握一镲凸面处之线绳，使镲心相向，击拍成声。

3-1 敲击玩具 《北京三百六十行》

3-2 群童嬉乐 《文物》

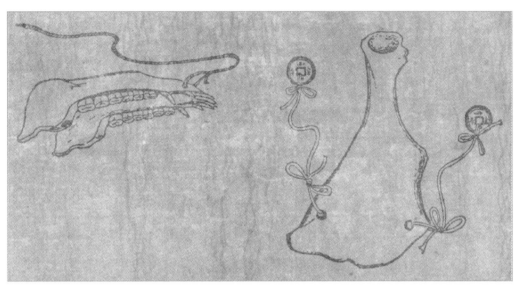

3-3　骨制敲击器　《少数民族玩具和游戏》

3-4　儿童敲击乐　杨柳青年画

　　还有一种小铜锣，也是北京儿童喜爱的敲击玩具。铜锣直径约2寸，边帮上钻两小孔，挂绳，另外还有一木制小锤。玩时，一手提小铜锣，一手握小锤敲击锣面，发出"嘡嘡"的声音。[1]

注释[1]　王文宝：《北京民间儿童娱乐》，北京燕山出版社，1990 年。

3-5　汉代敲击乐舞画像石　汉代画像石

　　过去北方地区有一种"拍花子"，又名"敲牛胯骨乞丐"。他们乞讨时必拿两个牛胯骨，上系铜铃、铜钱和红绿布条，边走边敲击。后来牛胯骨也成为儿童们的敲击玩具。

　　由此看出，敲击玩具是极其古老的，可能起源于打制石器，或加工工具，最初是击竹或击木。《峒溪纤志》："苗人合乐，众音竞发，击竹筒以为节。"《畲民考》："少年群集而歌，劈木相击为节。"大概在石器相击游戏的基础上，发明了石磬。在汉代画像石和出土文物中都有敲击乐舞的形象。民间数来宝所用的乐器，杂技所用的打节扳，拍花子所用的敲击器，原来都是一种玩具和娱乐工具。居住在云南西双版纳的少数民族的孩子们，喜欢取若干竹筒，一头开口，另一头有竹隔膜，

3-6　明代五彩罐百子图击响娱乐　《中国吉祥美术》

3-7　八音图　杨柳青年画

3-8　汉代敲击乐舞百戏俑　《中国古代体育文物图集》

然后以一根小木棒敲打，由于竹筒大小不一，发出的声音也不同，为当地儿童的重要玩具。

敲击玩具往往来源于生产工具，如壮族有一种"击浪"活动，所用器具即为舂米用的木臼和以独木挖制成的舂米杵，平时妇女以其舂米。节日期间，则由三四

个姑娘围在木臼周围，每人手持一木杵，在木臼边敲击发出有节奏的声响，其声音浑厚、悦耳。在海南黎族地区也多有此种娱乐。

二 吹响玩具

吹响玩具，有一个从简单到复杂的过程，最简单的是口技，利用嘴手配合吹出响声，进而发明出各种响具，主要有：

❀ 口 技

口技是凭口型的变化而发出声音的游戏活动。儿童学猫、狗、狼、马、牛、羊、鸡、火车、飞机和大炮等的声音，就是最简单的口技。口技的起源，与人际交往和狩猎活动分不开。人们在狩猎时往往摹仿某种动物叫声，来迷惑、引诱动物以便更好地射杀它，于是后来就发明了各种拟声工具。随着百戏的发展，口技也成为百戏的内容之一。宋代百戏中就有口技表演，其中的"百禽鸣"就是摹仿百灵、画眉、布谷、杜鹃等鸟的鸣叫。有的也是利用一定的工具。河南偃师宋代墓壁画就有各种口技形象。《梦溪笔谈》："世人以竹木牙骨之类为叫子，置人喉中吹之。"

打口哨是将拇指和食指合并，放入口中，运用胸部呼出的气流使口腔发声的

3-9　宋代口技《中国古代服饰研究》

3-10　元代口技《元人杂剧》

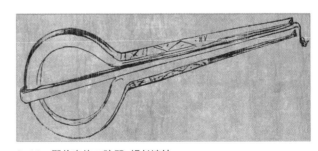

嗯哨声，也是一种有趣的游戏。

这种游戏，发源于人际之间的联络信号，作为联络、报信的手段。另外，男女恋爱时多用之，后来又被狩猎所运用。

《诗经》中已有"啸歌"之词，实为吹口哨，其特点是吹而不唱，有声无词。口哨也为戏剧表演所吸收，宋代全杂剧中，副净吹口哨是常有的事，在宋代墓砖上就发现过这类形象。元代杂剧净角也吹口哨。在山西永乐宫出土的一件石雕，一小儿坐于鼓上，穿着兜兜，正以右手吹口哨。

❋ 吹树叶

吹树叶，即把树叶放在嘴里吹出一定音响的娱乐。树叶多选择龙眼树叶、桉树叶、小榕树叶、鸡果树叶等。叶面要光滑，不带刺。叶子还要不嫩不老，因为嫩叶搓动性差，老叶易折断，多在用前采摘。

吹奏方法是用双手持树叶，即以左右手的拇指和食指轻轻抓住树叶两端，把树叶贴在下唇上，口腔隆起，舌头压在齿龈下方，上唇与树叶有一定空间。吹奏时，像吹口琴一样，向外吹气，根据吹气力量的大小引起树叶振动，发出不同音调。

吹树叶在西南地区许多民族中都有，贵州苗族的吹草管也与此相近。苗族善于狩猎，对各种飞禽走兽的习性了如指掌，这种知识是从童年时代就开始训练的。每当秋收或上山砍柴时，成年人往往把孩子带到田野或山林，除耐心讲述各种动物的特点和生活习性外，还教他们学各种昆虫、鸟类的鸣叫声，其中就流行一种学虫鸟叫的"草管"玩具。草管极其简易，一般人都能自己制作，其制法是取一节草秆或稻秆，长 10 至 15 厘米，直径不限，但一头要留节，使之封闭，另一头留孔，在靠近草节的一端，用刀割一小舌头，又称簧片，该舌头长 3 厘米，宽 0.5 厘米，一头与草管相连，一头可上下弹动。吹奏时，将有舌头的一端含在嘴里，轻轻一吹，即可发出声音来。但这时发出的声音很微弱，为了扩大声响，须将十指靠拢，形成喇叭状，套在草管的开口部分，声音就大了。而且通过双手姿势的变换，还能发出不同的声音，如可发出鸟叫、鸡叫和各种昆虫的叫声。这种玩具，男孩女孩都可以玩耍，但通常男孩子们玩的较多。

❋ 口 弦

在北方少数民族中流行着一种口弦琴，它是以钢片弯曲

3-11 鄂伦春族口弦琴 锡长禧绘

　　而成，一头为圆圈，另一头为柄，在柄与圆圈之间安一簧片。使用时，将其放在唇齿间吹奏，用手拨弦，既能吹出欢快的音调，也能奏出悲哀的音律。如果两个人吹奏，还能彼此对话，交流感情。所以小孩从小就模仿青年人的动作，学习吹口弦琴。

　　在南方地区也流行一种口琴，又称口弦琴。是由一段2尺长的竹筒削去一半而成，但两侧均有竹隔膜，一头立一木柱，与竹筒成直角，另一头安一把手，在把手和木柱之间系一弦，就成为独弦琴了。后来也有人以三块木板做一木匣为琴身的。

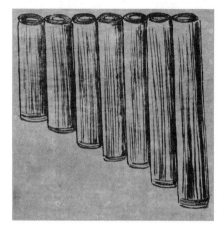

3-12　畲族竹排笙　兰周根提供

演奏时，用一小竹片拨琴弦，就能发出透迤动听的琴声了，可独奏，也可以伴歌。

　　在浙江也有不少吹响玩具。一种是喇叭，以嫩竹叶制成；一种是山火筒，以一段竹筒，削一口，吹奏时发出笛子一样的声响。还有一种排笙，取直径12厘米左右的竹子，锯成竹筒，一端是空的，另一端为笛节。一般长的竹筒为12厘米，其他的为10、8、6、4厘米，削成方形。将五六个绑成一样，名曰排笙。使用时，将排笙搁在嘴前，向各个竹筒内吹气，就能发出不同的音律来。[2]

三　喇叭玩具

　　喇叭类玩具，包括内容很多，可分若干类。喇叭是由号角发展而来的，在我国史前时代已有陶喇叭，是仿牛角制成的，现在民族地区还有牛角号。保留在民间的喇叭玩具，主要有以下几种：

琉璃喇叭

　　琉璃喇叭是用琉璃制作的音响玩具，始于明代，发源于北京。小喇叭长30厘米左右，大的长约120厘米，吹奏时声音高亢响亮，在清代广为流传。琉璃喇叭

注释② 　兰周根提供。

3-13 卖琉璃喇叭 《北京民间风俗百图》

是由北京琉璃厂率先创制的。清代富察敦崇《燕京岁时记》中也提到："琉璃喇叭者，口如酒盏，柄长二三尺。咘咘噔者，形如壶卢而长柄，大小不一，皆琉璃厂所制。儿童呼吸之，足以导引清气。"

琉璃喇叭分大小两种。小的多为紫色透明，吹口上有圆嘴，用力一吹可发出高亢响亮的直音，宜于低幼儿童。大的长1至1.3米，淡绿色透明，底边和口紫色，吹口呈扁形，吹时要用力，宜于成年人。善吹奏的人可吹出高低变化的音响。琉璃喇叭不单在北京琉璃厂出售，尚有一部分产品是由小贩担筐挑担走街串巷叫卖的。《北京民间风俗百图》中有一幅"卖琉璃喇叭"，真实地再现了清代出售琉璃喇叭的情景。[3]

3-14 雪景卖琉璃瓶 杨柳青年画

注释③ 王文宝：《北京民间儿童娱乐》，北京燕山出版社，1990年。

噗噗噔

噗噗噔，又名"响葫芦""扑扑噔""倒掖气"，是一种玻璃玩具。《帝京景物略》："别有衔而嘘吸者，大声喷喷，小声唪唪，曰倒掖气。"在宋代苏汉臣《婴戏图》中已有噗噗噔形象。在清代《十二月令图》中也有小儿吹噗噗噔者。直到不久前北京街头还有出售者。一般是以暗色玻璃制作，吹成漏斗或葫芦形，尺寸大小不一，手持其管嘴衔管口一吹一吸，能发出"噗噗、噗噗噔"的声响。

噗噗噔形如葫芦，上部有直嘴，底部极薄，稍有凹进，吹气时底部随气压变化而里外抖动，就会发出"嘭嘭"的响声，连续吹吸时声响即连成一串。造

3-15　卖噗噗噔　《北京三百六十行》

3-16　庙会上出售琉璃喇叭　《北京风俗图谱》

型除葫芦形之外，又有苹果形、半球形，大的直径近30厘米，小的约10厘米。颜色也多，有白色透明的，也有淡绿色、淡紫色及黄色的，造价低廉，音响生动，深受孩子们喜爱。但是，噗噗噔的最大弱点是底部极薄，如吹吸过猛就会损坏破碎，给儿童的人身安全带来威胁。旧日吹吸时常在吹口处罩一块纱布，以防止破碎时把玻璃碎片吸入口中，现在这种玩具已渐渐稀少。

❀ 吹　龙

吹龙也是一种民间游戏，是幼童们玩的。所用玩具是用印有龙图案的油蜡纸制成的，呈卷筒式，约30厘米长。开口处为一硬纸做的吹嘴儿，把它放在嘴上一吹，纸龙充气后即伸展成一直筒状，并发出响声，一离开嘴，又马上回缩卷曲起来。这样一吹一松，纸龙便一伸一卷，像活龙一样飞腾、鸣响，深受儿童喜爱。

3-17　吹响龙　姜丽绘

四　陶制声响玩具

远在史前时代就已经有了陶埙、陶响球等陶制声响玩具，后来演变成各种形式的泥陶哨。

❀ 陶响球

陶响球是一种手握摇动而发出声响的玩具，在大溪文化、屈家岭文化、马家浜文化中都有发现，大小不一，多红色，内装有石子，摇之有响声，这种文物也见诸于民族、民俗资料。如现存有一种摇响当，形制与出土文物一样。《信西古乐图》上有一种手振铃，贵州苗族有一种手摇响铃，都类似于此，但其上安有一柄。

陶埙

陶埙是泥土做的吹奏乐器。《路史》："（伏羲）灼土为埙。"在浙江河姆渡遗址、西安半坡遗址都出土过陶埙。陶埙多为球形或橄榄形，中空，有吹孔，或者音孔。嘴吹吹孔、音孔可调节变化，能发出浑厚、悠扬的音响。

在内蒙古夏家店文化还发现一种牛头陶埙，这种动物形的陶埙，与晚清时期流行的陶哨、叫猫有一定的渊源关系，既是一种古老的乐器，也是民间一直使用的鸣响玩具。在民族地区也有不少类似陶埙的玩具。

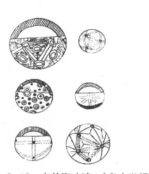

3-18 史前陶响球 《考古学报》

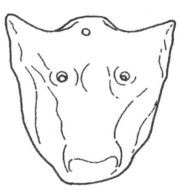

3-19 夏家店文化牛头埙 《收藏家》

叫 猫

叫猫，是指一种可以吹响的陶猫形器具，其形象不限于猫形，还有鸟、羊、狗、虎、狮等形象。在南京博物院收藏的唐代的铜官窑瓷麻雀和宋代的瓷鸽均有吹孔、音孔，当属吹奏玩具。在河南淮阳人祖庙会上所出售的泥泥狗，其中有些就是泥哨，也是叫猫一类的玩具。[④]

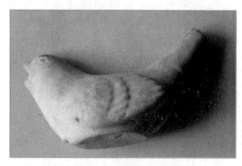

3-20 宋代瓷鸽哨 李露露摄

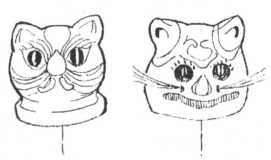

3-21 叫猫 《中国民间玩具简史》

注释④ 王连海：《中国民间玩具造型图集》，北京工艺美术出版社，1994 年。

五 角号和铃

在玩具中，角号和铃是很古老的，流传也相当广泛。

角 号

在山东大汶口文化遗址出土过几件陶制牛角，角尖端有吹孔，说明它是一种吹奏乐器。角号也是一种古老的鸣响玩具。在云南傣族地区，儿童将水牛角尖削掉，作为吹孔，可发出洪亮的声音。另外，在陕西仰韶文化遗址中也出土过一件角状式陶角号。

3-22 牛角号 李露露摄 　　3-23 苗族摇铃芦笙舞 《皇清职贡图》 　　3-24 苗族振铃舞 《苗蛮图》

铃

铃是儿童的摇响玩具，但多为服装上的饰物。远在史前时代的龙山文化遗址中就已有陶铃出土。商周时期也发现过陶铃、铜铃。直至唐代还有儿童的陶铃。这说明随着时代的变化，出现了不同质地的铃，这些铃多半是佩带在儿童身上的，走起路来叮当作响，既是哄闹玩具，又是辟邪之物。少数铜铃是儿童们的手摇玩具，或是巫觋佩带的响物，可以伴舞、驱鬼。如在《皇清职贡图》上就有苗族妇女手持摇铃而舞的形象。

六 骨 笛

最古老的乐器应该是河南舞阳贾湖新石器时代遗址出土的七孔骨笛，据考古学家们测定，该骨笛距今已有八千年之久。

骨笛是以猛禽的腿骨制成的，通常是截去两端，再钻有六至七个圆孔，形制比较固定，表面精致光滑。为了保证笛孔距相若，音孔有别，事先多刻好等分符号，再进行钻孔。在新疆还发现用鹰骨制成三孔的骨笛。演奏骨笛时，一般是竖吹，用一只手的食指、中指和无名指按下三孔，以下唇堵住上端管口，绷紧双唇，口风从吹孔而入，即发出声响，可远及数里之外。上述鹰笛、骨笛的形制大小与河南出土的骨笛相若，其音质良好，可以吹奏出一定的旋律。这说明骨笛是一种典型的吹管乐器，最早可能起源于一种拟声工具。

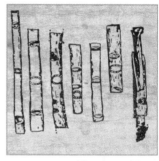

3-25　河姆渡文化出土的骨笛
《中华远古祖先的发明》

3-26　隋代吹笛俑
《中国古代舞乐百图》

七 儿 鼓

儿鼓即小孩子玩的鼓，主要有以下几种：

✿ 拨浪鼓

拨浪鼓是儿鼓之一，历史比较悠久，在出土的战国铜镜上已有其形象，在唐代壁画和汉代画像石上也有小儿玩拨浪鼓的内容，在《水浒传》《授衣广训》等古籍插图上，也有类似形象，至于年画上就更屡见不鲜了。拨浪鼓一般由直径5厘米的木制圆圈为骨架，两侧糊以硬纸，并绘有各种图案，鼓的两侧各安一钉，用线拴一玻璃珠，俗称"鼓坠"，鼓的腰下安一木棍为柄。玩时用手握木柄，左右摇动，两鼓坠即左右甩动，交替击鼓，发出"拨浪、拨浪"的声响。

3-27　唐代壁画拨浪鼓　唐代敦煌壁画

3-28　战国铜镜上的小鼓图案　《文物》

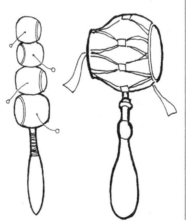

3-29　宋代拨浪鼓
《中国民间玩具造型图集》

3-30　汉代拨浪鼓画像石
汉代画像石

❀ 摇　鼓

　　所谓摇鼓，是把小鼓直接挂在摇杆上，杆上插着用铁片做的纵横交叉的拨片，摇动时，小鼓围摇杆转动，拨片拨动时用线绞紧鼓槌，就会击鼓发声。摇鼓的形式变化甚多，如依鼓形而变化，有人形、娃娃形、青蛙形、乌龟形等，均用泥土模印成形，或经火焙烧为陶质，也有的地方用竹简锯成小圆圈或用竹条弯成小鼓。山东高密、掖县，河北新城、泊镇，江苏无锡等地都制作摇鼓。该玩具很受小孩子们的喜爱。

3-31　远古时期陶鼓　《考古》

3-32　摇响玩具　李露露摄

3-33　儿鼓　山东潍坊年画

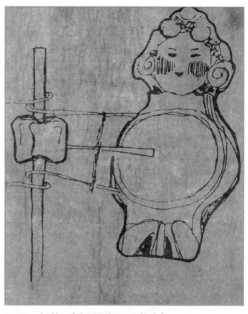

3-34　摇鼓　《中国民间玩具简史》

摇 叫

摇叫是在摇动中发声的玩具。其中有一种摇叫由一个单面小鼓和摇杆组成。小鼓鼓面中央透穿着一根棉线，线头在鼓面里系着一根小木棍，以使线与鼓面保持接触。线的另一端绕在摇杆上，摇杆上抹有松香。玩时拿住摇杆把小鼓抡起来，使其不停地旋转，线绳在松香的作用下产生摩擦振动，传给小鼓就会发出响声。制作摇叫的原料以泥土为多，捏一个直径半寸的小鼓，蒙一块皮纸做鼓面，再用树枝、竹棍或高粱秆抹上松香做成摇杆，连上线绳就成了。山东省高密县的摇叫为青蛙形，掖县呈虎头形。[5]

3-35 童戏鼓乐 《吴友如画宝》

3-36 太平腊鼓 《故宫文物月刊》

太平鼓

太平鼓，又名"腊鼓""单鼓""羊角鼓""迎鼓"，宋代称"打断"，是乐舞伴奏的乐器。《荆楚岁时记》："腊鼓鸣，春草生。"。金代砖雕上有此鼓形象。明代更为流行，《燕京岁时记》："太平鼓者，系铁圈之上蒙以驴皮，形如团扇，柄下缀以铁环，儿童三五成群，以藤杖击之，鼓声冬冬然，环声铮铮然，上下相应，即所谓迎年之鼓也。"至今在汉族、满族地区流行。腊鼓以铁条为框，呈圆、扇、桃诸形，直径尺余，绷有羊皮、高丽纸，柄部有几个铁环，演奏时，左手持鼓，右手握槌，边走边击，铁环沙沙作响。有拉抽屉、穿胡同、单蝴蝶、双蝴蝶等打法。这种鼓戏以驱邪祈年为宗旨，另外在社火活动中也常用之。

注释⑤ 王文宝:《北京民间儿童娱乐》，北京燕山出版社，1990年。

3-37　敲击鼓乐　杨柳青年画

3-38　汉代击鼓俑　中国国家博物馆藏

3-39　汉代说唱击鼓俑　中国国家博物馆藏

❀ 腰 鼓

在新石器时期考古发现中，乐器方面过去多有陶埙、陶铃、陶响球等出土，现在还发现有石器、骨笛、骨哨和种类较多的大型打击乐器鼓，彩陶腰鼓就是一个突出的代表。

早期彩陶腰鼓是在青海马家窑文化墓葬中出土的，整个腰鼓分三部分，上部为蒜头形，中部为筒状，下部为喇叭口状，另外，在蒜头和喇叭口外

3-40 北朝腰鼓乐画像砖

侧均有若干斜向乳丁。这类腰鼓在甘肃等地也出土过若干件。

从形制上看，它有两个鼓面，分别以皮革绷制，在腰鼓一侧两端各安一环形钮，这是拴系背带用的，以利提携和挎在肩上使用。陶鼓即是古代的土鼓。宋朝时，广西桂林就使用类似的陶鼓。周去非《岭外代答》："静江腰鼓，最有声腔，出于临桂县职由乡，其土特宜乡人作窑烧腔。……其皮以大羊之革。"鼓有多种功能，可做乐器、礼器和指挥器。但是彩陶腰鼓较小，适合在较小场合使用。

远古时期宗教活动频繁，巫师是宗教活动的核心人物，鼓也成为巫师最常用的乐器。此外，还有一种用木架支起来的小型两面鼓，也是小孩们喜爱玩耍的，这一玩具在古代文献中多有反映。

八 空 竹

空竹，又名"抖翁""扯铃""空钟""响簧""地龙""闷葫芦"。可能是由陀螺演变而来的，最初的陀螺是木制的，放在地上用鞭子抽转，后来改为竹制，以绳旋转于空，利用风吹空竹开口，可发出声响。

空竹是取竹子做成圆圈，两侧以薄木板夹起呈盒状，两盒中为轴，竹盒有孔，遇风能发出声响。双铃和单铃是旧时市场上出售空竹的基本形制。玩空竹时，先取两棍，中间系一绳，将空竹抛向空中，以绳接之，并不断抖动。另外还有许多

种玩法，如鸡上架、仙人跳、满天飞、放捻转、
扔高、搭架等等。

空竹最早为民间玩具，多在春季玩耍，谚
语称"杨柳青，放空钟"，其主要是儿童、妇
女们玩耍的。《帝京景物略》："空钟者，刳木
中空，旁口，荡以沥青，卓地如仰钟，而柄其
上之平，别一绳绕其柄，别一竹尺，有孔度其
绳，而抵格空钟，绳勒右却，竹勒左却。一勒，
空钟轰而疾转。"文中对放空钟描写极为生动。
后来空竹又被杂技演员所采用，抖空竹成为杂
技艺人的三大技艺（耍坛、变戏法、练空竹）
之一。在民间还有一种"转板"，虽然不是空竹，
也是利用绳索变化转动木板，发出一定声响，
其原理与空竹还是比较接近的。

3-41　抖空竹扯响簧　《启蒙画报》

3-42　卖空竹　《北京民俗图谱》

3-43　妇女抖空竹　《图画日报》

第四章·投掷类

　　投掷类玩具和游戏，是指以手臂投掷一定玩具所展开的游戏。这种游戏来源于生产活动中的某些动作，如丢石球、投镖等，内容比较复杂，主要有打石仗、抓掷石子、丢木棒、丢物、击壤和投壶等几大类，每类又有若干种。投掷玩具有助于体能训练，适合集体游戏，因此是老少皆宜的娱乐活动。

一 打石仗

打石仗是一种古老的游戏，起源于史前时代，后来一直保留下来。《史记·王翦传》："投石超距。"《汉书·甘延寿传》注引应劭曰："以石投人。"其中的投石就是打石仗，超距则为跳高、跳远。从民族学、民俗学资料看，民间流行有打石仗的风俗。

在有些汉族地区，冬天农闲之时，孩童们都喜欢几十人为伍，到野外玩打石仗，它可以发生在一村之内，也可以发生在村寨之间。《点石斋画报》上有一幅"打石仗"就是描述上述游戏的。高山族阿美人有一种抛石游戏，参加者不限，皆少年男子，分为两队，各据一方，为守卫住各自的阵地，然后互投石块，以勇敢、准确为条件，互攻互守，受伤则退，失败为羞，胜者直追不舍。这种游戏虽然壮观，但容易受伤，近代已不多见。

此外，在甘肃，过春节时也玩打仗游戏，但是不用石块，而是用随手可拾的土块，故称"打土块仗"。

4-1 打石仗 《点石斋画报》

二 抓掷玩具

抓掷玩具是指用手玩的某些小玩具，如石子、豆粒、果核、动物拐骨等，主要有四种：

✿ 抓　子

抓子，又名"抓子儿""掷子儿""摸子儿"。古代就流行此种游戏，明代刘侗、于奕正《帝京景物略》："是月也，女妇闲，手五丸，且掷且拾且承，曰抓子儿。丸用象木银砾为之，竞以轻捷。"《红楼梦》："麝月、秋纹、碧痕、紫鹃等正在那里抓子儿，赢瓜子儿呢"。

4-2　抓子　李露露摄

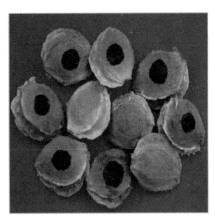

4-3　杏核抓子　李露露摄

最早的抓子玩具，是用天然石块，或者以桃核、杏核、豆粒等代之。具体玩法甚多，但每人必有五个子，儿歌中唱到："一摸地，二拍胸，三拍手，四开花，五滚球，六点头，七摸头，八摸鼻，九九十十上高楼。"所谓"一摸地"，是将一子儿丢于空中，然后迅速从桌上或炕上抓一子，再把从空中丢落下来的子接住。"二拍胸"是指向空中丢一子，然后拍胸一下，又把子接住。"三拍手"是把子掷向空中后，双手击掌，再接住子。"四开花"是指掷出子后，双手模拟开花状，再接住子。"五滚球"指掷出子后，双手做流动状，再接住子。其他玩法也各有花样。

北京流行的抓子方法，主要有：

抓一　先把五子放在炕上或床上，从中拾一子，抛入空中，再从炕上拾一子，并接住降落之子，手握一子再抛一子，去拾炕上第二子，且接住降落之子，边抛边抓边接，直到把五子抛接完毕为止。在《点石斋画报》上有一幅"狸奴救主"，图中就绘有两个孩童正在玩抓子游戏的形象。

抓二　玩法如上，但是当抛一子后，手要从炕上抓二子，再接降落之子，手握二子后，再抛一子，且抓炕上二子。

抓三　玩法如上，但是抛第一子后，要从炕上抓三子，进而又抛一子，且把炕上一子抓起，接住落子之后，手中已有五子。

扣四　手握五子，抛一子后，将所余四子扣于地，接降落之子，再抛一子，急抓炕上四子，且接降落子。

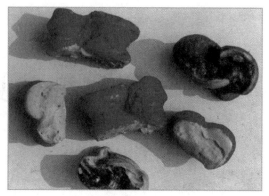

4-4　猪拐　李露露摄

4-5　汉代铜拐　李露露摄

飞一　把五子撒于床上，抛起一子，再抓床上一子，且接降落之子，抛手中二子，拾床上一子后接降落之二子……

飞二　抛起一子，抓床上二子后接降落一子，抛手中三子，拾床上二子后接降落之三子。

飞三　抛起一子后，拾床上三子，接降落之子，抛出四子，抓床上一子后接降落之四子。

飞四　抛四子于空中，另一子扣于床上，接降落之四子，再抛起手中四子，拾床上一子，后接空中四子。

飞五　将手中五子全部抛起，手掌拍地后，再接空中五子。[1]

在民族地区也流行抓子儿游戏，笔者在海南看到黎族孩童以石子为玩具，进行抓子游戏。云南大理有一种"挖兹"，汉意为抓子，参加人数和男女不限。首先，

注释①　刘兆云：《海州民俗志》，江苏文艺出版社，1991年。

4-6　抓拐　李露露摄

准备 7 颗石子为玩具，游戏开始之前，必先定下一定的数额，作为输赢的标准，如预定为 20，那就是当任意一个游戏者玩到 20 这个数额，便为胜者。

游戏开始，7 颗石子抛空，然后用手背接住，又抛空，翻手接住，接到手掌心里的石子数为预定数额（如 20）的基数，石子数量多者可最先玩耍，她（或他）先把那 7 颗石子抛撒在地，任意拣起一颗，将其抛空。与此同时，在不碰动其他石子的情况下，迅速抓起地上的石子，然后接住抛空的那颗石子，如此循环，直到地上的 6 颗石子被抓完。然后，又将 7 颗石子抛空，用手背接住，翻转接到手心。如果在抓石子过程中违规或失败，则被勒令停止游戏，让别人玩耍。

抓　拐

抓拐，又名"嘎拉哈""嘎什哈""噶什哈"，为满语音译。蒙古语称"什哈""沙哈"，即髌骨，俗语背式骨"拐"。汉语多称"玩拐"。

抓拐是一种古老的游戏，可能起源于史前的猎人游戏，后来被游牧民族所继承。古代鲜卑、契丹等族已将该玩具随葬，金元时期蒙古族儿童也玩拐，并作为礼品互相赠送。清代仍有此习俗。《日下旧闻考》称"贝石"，《帝京景物略》："是月羊始市，儿取羊后胫之膝之轮骨，曰贝石，置一而一掷之，置者不动，掷之不过，置者乃掷，置者若动，掷之而过，胜负以生。其骨轮四面两端，凹曰真，凸曰诡，勾曰骚，轮曰背，立曰顶骨律。"《中华全国风俗志》："吉地有所谓嘎什哈者，即别取獐狍鹿豕之膝盖骨，两面微窝，而一面突出。儿童妇女，抛掷为戏，视偃仰横侧别胜负。或以窝者弹窝者，突者弹突者，中者尽取所推，谓之取嘎什哈。"

最初的"拐"是野生动物的髌骨，如獐、狍、麋、鹿等，后来才有羊、牛、猪等动物的髌骨，并将其绘有不同颜色，其中羊拐或猪拐是在室内玩耍的，牛拐则是在冰上投掷、传踢用的。具体玩法有两种：一种是弹，先把众拐分给每个人，数量相同，然后每人出相同数量的拐，合并在一起，第一人将众拐掷散，并以一拐弹向另一相同的拐，弹中归己，弹不中则失去弹拐权利，换他人弹拐，直到把众拐弹尽，最后以占拐多少分胜负；另一种是抓，先把众拐分散，取其一抛之，手迅速从拐堆中抓两个相同者，并接住掷出之拐，这样两个拐就归己所有了，如此抓尽为止。北京玩拐以四个拐为一副，另外，缝一砂布包，玩法是先把砂布包掷起，再从桌子上抓一拐，接着把布包接住，如此玩耍不止。

抓拐有一定的计分方法，先把拐的各部位定名，其中凹面为"坑"，凸面为"背"，侧面较平为"小耳朵"，较凹进的侧面为"大耳朵"。在丢包抓拐时，如一次抓起三个同样面的拐，可得40分，如果丢包后抓起两个"坑"，两个"背"，可得20分，丢包一次抓起两个"小耳朵"或两个"大耳朵"，可得10分，最后根据积分多少决定胜负。

此外，还有一种打拐，一般以羊踝骨为玩具。先决定比赛秩序，由第一名发拐，即把自己的拐放在地上捻转，打拐者把拐夹在大拇指和食指之间，拐槽向上，中指托其下，看准对方的拐后，用力甩去打拐，以击中为胜，不中为负，因打拐失利后，由发拐者进行打拐。

"嘎拉哈"是满族女孩子最喜欢玩的一种炕头游戏，每家都有，多者几百，少则几十，为了美观，有的还涂上红、绿等各种颜色。嘎拉哈种类较多，常见的有羊嘎拉哈、熊嘎拉哈、猪嘎拉哈和狍嘎拉哈，粗大的是熊嘎拉哈，小巧玲珑的是狍嘎拉哈，较普遍的是猪嘎拉哈。嘎拉哈由于四面形状的不同，叫法也不一样，凸面为"肚"，凹面为"壳"，侧面有坑的为"正"，反之为"驴"。辽宁又有不同叫法，分别叫做"目""轮""里""背"。

玩拐在游牧民族中也很流行，以蒙古族为多，又称"什哈"。《槐西杂志》载："作喀什哈，云塞上六歌之一，以羊膝骨为之。"此物是羊或牛腿和胫骨相连的一块骨头，经蒸煮去肉脱脂着色而成，其玩法也是抛起接拾。[②]

注释② 邢莉：《游牧文化》，北京燕山出版社，1995年。

❋ 掷　栖

吉林朝鲜族有一种玩具称"栖"，以圆木棒劈成两半为之，投掷时，先把四枚栖掷起，落地后，看凹面朝上为翻，凸面朝上为扑，根据记分原则记分。1 翻 3 扑记 1 分，2 翻 3 扑记 2 分，3 翻 1 扑记 3 分，4 翻无扑记 4 分，4 扑无翻记 5 分。在场地放一棋盘，每人根据得分走棋，先抵终点者为胜。[3]

4-7　朝鲜族掷栖　《少数民族玩具和游戏》

❋ 牛郎打梭

牛郎打梭，简称"打梭"，北京地方称之为"打尜"。传说织女归天，牛郎追赶，织女恐延误时间，玉皇怪罪祸及牛郎，便掷梭阻郎，牛郎接梭投回牛索，欲强留织女，至今星空银河尚有梭子星和索子星。

梭具是把一段 10 厘米长的小圆木，两端削尖，如织布的梭子状，俗叫"梭"；再用一根 30 厘米长的小木棍或小木板做打梭板，叫"梭棍"或"梭板"，用梭棍

注释③　李吉阳：《少数民族玩具和游戏》，晨光出版社，1994 年。

打梭的一点，即蹦起飞向远处，叫打梭。若只打梭尖使其蹦起，又叫"斩大蹦"，在空中再打一棍把梭打得更远叫"接小羊"。没有技巧的人只能"斩大蹦"，有技巧的人能接连打两个小羊。

　　玩时先在地面上画大小三道圆圈，俗叫"城"，城外称为"外三子"。游戏双方讲好条件，输多少板棍算一盘，以城的边线与梭的一步距离，以一个输赢兑冲累计到满盘为止。对输者是刮鼻羞或弹额头，在确定谁先"发梭"之前，采用"石头、剪子、布"的方法来确定先打者。发梭者要把梭放在"城内"往外打，如打梭后梭子落在城内，便算被烧死了。如甲方把梭打的很远，乙方要把梭往城内扔，如没扔进城内，就要让甲方连续打三次，最后用梭落处与城边距离预测数相近者为赢。

　　此外，还有骑驴打法，即手拿梭板从两腿之间伸出打梭。[④]

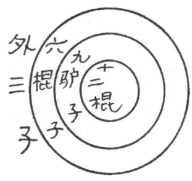

4-8　牛郎打梭图　《海州民俗志》

三　掷　棒

　　这类玩具有打布鲁、丢木棒、打飞棒、挑棍、击木等。

❁ 打布鲁

　　"布鲁"为蒙古语，即为投掷之意。布鲁原是蒙古族狩猎和自卫的工具，后成为蒙古族幼童投掷的器具，近百年来又成为"那达慕"大会的竞技项目之一。所谓布鲁，即为木棍，木棍有扁、圆两种，头部略弯，长70厘米左右，重约三四百克。

　　玩法有两种：一种是投远，以掷的最远者为胜；另一种是投准，这种玩法是在30米外立三根小木柱，三木柱各相距10厘米，以击中木柱多少计分，一般是击中一根木柱计2分，击中两根木柱计6分，击中三根木柱计10分。打布鲁主要

注释④　刘兆元：《海州民俗志》，江苏文艺出版社，1991年。

是男子的游戏，但是妇女也参加。这种娱乐蕴藏着丰富的社会内容。⑤

✿ 丢木棒

木棒是最古老的工具，人类最早用的采集工具就是尖木棒，是原始社会的重要生产工具。如鄂伦春族采集用尖木棒，独龙族播种用尖木棒，彝族狩猎也用尖木棒。由于尖木棒有多种多样用途，自然成为人们的玩具之一。达斡尔族多喜欢在夜间耍棒，即削半尺长的木棒一根，由一人往山林或草丛中丢去，然后由另一人去摸黑寻找，找不到为失败，找到为胜。

4-9 蒙古族打布鲁　《少数民族玩具和游戏》

北京儿童中还流行一种挑棍游戏。一般是把食后的冰棍棒收集起来，用手握住若干根，竖着随地一撒，棍便交错叠压在一起，然后由一人用单根棍挑起最上层的棍，即收归己有，后可连续操作。如挑动过程中，不小心触动其他棍而移位者为输，最后以挑起棍的数量多者为赢。

✿ 打飞棒

湖南有打飞棒的游戏。多以杂木制成飞棒，长70厘米，直径3.4厘米，另外准备几根小木棒，长20厘米左右。场地为长方形，约长30米，宽5米，通常由两人对抗。甲方手握长木棒，把在地上的短木棒挑起来，掷向远方；乙方则手疾眼快，尽力把短木棒接住，然后与甲方交换。如果接不住，甲方则把长木棒横放在地上，乙方在短木棒落点处用短木棒击长木棒，击中即与甲方交换。否则甲方则举行第二次打飞棒。乙方能接住，则与甲方互换位置，接不住，则把短木棒丢在地上。甲方则以长木棒击正在落下来的短棒，以击得越远越好。甲接不住，则用长木棒为尺，测量从落点到起点的距离，所得数据为第一局的成绩，然后与乙方互换位置，轮番比赛，最后看谁胜谁负。

注释⑤　李吉阳：《少数民族玩具和游戏》，晨光出版社，1994年。

四　丢　物

除了投石块、抓子、掷棒外，还有一类玩具，就是投掷各种小物件，如砂包、铜钱、陶片等等，形成特有的游戏方法。

打　瓦

在北京小巷内的儿童们常玩一种"打瓦"游戏，最初使用的是一种长木板，长40厘米，宽10厘米，后来改为用石块或瓦片，故名"打瓦"，玩法与击壤大同小异。打瓦不仅流行于华北、东北，也流行在华东地区。蒲松龄《聊斋俚曲》中"长街打瓦，踢毽罚毛"的名句指的就是这种游戏。[6]

4-10　童戏打瓦绊人　杨柳青年画

注释⑥　兰周根提供。

北方地区有一种投掷游戏，也称"打瓦"，起源较久。《太平御览》："以砖二枚，长七寸，相去三十步，立为标，各以砖一枚，方圆一尺，掷之。"《丹铅余录》："宋世寒食有抛堶之戏，儿童飞瓦石之戏。"打瓦游戏，是清明节前后举行的，在相距五十米外，立一方石或砖，参加者每人一枚瓦片，从远处击石，每人三次，以打中、打倒石片为胜。古代也有打砖游戏，如《水浒传》中讲李逵大闹寿张时，就同当地的孩子们玩打砖游戏。在仰韶文化遗址中，发现许多圆饼形陶片，有人认为它是一种小孩的玩具。在我国苏北地区，把碎瓦片磨成许多小圆饼，用这些瓦片进行游戏。玩法与北京的抓子儿一样，故称"拿么儿"。东北地区还有把陶片磨成圆形，二人为阵，一人攻，一人守，向对方滚动，入门为胜。上述两种游戏虽然用法不同，但所用的玩具是一样的。前者是数字和技巧的练习，后者是攻战技术的表演。由此可证，仰韶文化的陶片也应该是孩童们的一种玩具。

✿ 打石片

土家族有一种打石片游戏，石片为扁圆状，每人两件，由二人或四人玩耍。玩时，先将一石片立于地上，打石片者退于四五米之后，先平打三着，斜打三着，然后把手中石片放在额头、眼睛、耳朵、肩上、肚子、脚背、脚心等部位，一一瞄准，然后突然出击将地上的石片打倒。谁先打倒谁为胜，负者则要背胜者在场上转一圈。

✿ 掷 钱

在甘肃、青海、西藏等地，流行一种掷铜钱游戏。即在地上挖一小坑，人站在规定的几米处，往坑内掷铜钱，铜钱进坑为胜。也有的地方在坑的周围摆上铜钱，站在几米外用石头打铜钱，铜钱进坑为胜，如果只有石子进坑就算输钱。

✿ 丢 包

云南傣族有一种丢包游戏，类似苗族、布依族的抛绣球，但包为方形，用布缝制，四角垂线穗。玩时，选一平坦场地，站两排人，一排小伙子，一排姑娘，先由姑娘投向对方，小伙

4-11 布依族丢绣球 《百苗图》

子接不住，就要回赠小礼物。如果小伙子接住，且抛回姑娘，她们没接住，则要送给小伙子鲜花。起初乱抛，进而抛给意中人，人们通过丢包传递感情，表达爱慕之意。

贵州布依族有一种丢花包游戏，与上述丢包类似。康熙《贵州通志》："仲家……于孟春跳月，用彩布编为小球如瓜，谓之花球，视所欢者掷之。"花包原为球形，后改为枕形，多有提绳和线穗，内装粮食或沙粒，玩法与傣族丢包类似。在清代《百苗图》中多绘有丢花包的游戏。此外，北方还流行一种砍包游戏，是孩子们所喜欢玩的。

五 击 壤

击壤是一种古老的投掷游戏。《释名》："击壤，野老之戏，盖击块壤之具，因此为戏也。"《帝王世纪》记载，尧时"有五老人，击壤于道，观者叹曰：'大哉尧之德也。'老人曰：'日出而作，日入而息，凿井而饮，耕田而食。帝力何有于我哉？'"可见，击壤游戏起源于史前时代。

有人说它是由弓箭发展而来的，实际是由投掷工具演变来的，如投石、掷棒、飞来器、打兔棒等物，都是击壤的同类，但又都是实用的狩猎工具。人们为了训

4-12　击壤游戏　杨柳青年画

练儿童的投准技术，让他们能尽快掌握生活技能，才在上述生产活动的启发下，发明了击壤游戏，进而称为"野老之戏"。

🌸 古代击壤

关于击壤的玩法，晋代周处在《风土记》中有过详细的记载："壤以木为之，前广后锐，长尺四寸，阔三寸，其形如履。将戏，先列一壤于地，遥于三四十步，以手中壤敲之，中者为上。"所谓击壤，是用两块履形木板，玩时置一壤于地，用另一壤击之，中者为胜，不中为输。在明代一件瓷器上，就绘有儿童击壤的游戏。明代《三才图会》上也绘有一幅"击壤图"，这是记录当时击壤游戏的生动写照。《授时通考》上的"击壤图"也大体如此。

4-13　打连三　《启蒙画报》

乍看起来，击壤游戏似乎已在逐渐消失，但是如果走向城镇小巷，或者边远乡村就会发现，各地还保留着不少类似的游戏。北京街头有一种"打台"，通常是两人玩耍，各准备一个"台"，即一尺多长的树杈，事先在地上画一个方格，俗称为"窑"，玩时发台者把自己的"台"放置在窑内，打台者用自己的台去击窑内的台，以击中为胜，否则改由发台者为打台者，循环玩耍。北京还有一种类似的游戏，也是击壤游戏之一。刘侗、于奕正《帝京景物略》："小儿以木二寸，制如枣核，置地而棒之，一击令起，随一击令远，以近为负，曰打柭柭。"

4-14 古代击壤 《三才图会》　　　　4-15 击壤图 明代版画

打尺子

在江西、广西、浙江以及闽南等地区居住的人们有一种"打尺子"游戏，也是击壤遗风，所用的玩具有两种：一种是木棍，长尺许，称"尺"；另一种是竹棍，如筷子大小，称"寸"。玩时，选择一块平坦的场地，中间画一圈，一人站在圈内，用手握"尺"击"寸"，令"寸"飞往圈外，圈外人接住"寸"后，又投入圈内，圈内往外击"寸"，一来一往，紧张激烈，如果圈外人接不住，即为输，如果圈内人接不住扔回的"寸"，则为败。

台湾有一种"挑柴"游戏，又称"打桩仔"，所用玩具是三根木棒，先在地上挖一坑，将一根横木置于坑上，另一根横木搭在上述木棒上，然后由"挑柴"

4-16 打尺子 李露露摄

者用木棒击坑上的横木棒，令其远飞，旁边一人如接住木棒即为胜，否则，可把落地的木棒抛回坑内，也可为赢。如果将其与"打尺子"作一比较，就会发现二者极为相似。另外，北京还有一种打连三游戏。

打铜钱

在《吴友如画宝》《点石斋画报》上，均画有儿童们玩扔铜钱游戏的场面。

具体玩法是在一个有坡的路上，搭一"人"字形木板，儿童们往木板上丢钱，看钱能滚动多远，以定胜负。这种游戏也与击壤有一定的渊源关系。

无论是打尺子，还是打瓦及玩铜钱，都保留了击壤的若干特点，但是所用玩具和玩法有不少变异，这正是击壤在新的历史条件下发展的产物。

4-17　儿童嬉打铜钱　《吴友如画宝》

4-18　打铜钱　《点石斋画报》

六　投　壶

投壶是古代士大夫们玩的一种游戏，即把箭投入壶中的游艺。一般是在宴饮闲暇之时进行的，所以又为一种宴会礼制。它起源于射礼，《左传》："晋侯以齐侯宴，中行穆子相。投壶，晋侯先。"《礼记》郑玄注："投壶，射之细也。射，谓燕射。"这说明春秋时期就已有投壶之礼仪。自从射礼不盛行后，又改为简单的投壶活动。这项游戏是春秋时代出现的，当时壶内要放红小豆，箭投入后可固定不动。汉代时投壶就不用红小豆了，投不中还可以再投。在河南汉代画像石上，就生动地再现了主宾在宴会上投壶的生动情景。在河南济源汉墓中曾出土过一件陶制投壶，与汉代画像石上的投壶相同。晋代所用投壶，已在口部加有两耳，从而使投壶游戏花样翻新。

投壶游戏用两种玩具：一种是壶，由酒壶演变而来；另一种是矢，在不同场合使用不同的箭，室内用2尺，堂中用2尺8寸，庭中用3尺6寸。

投壶时，人们要距投壶5至9尺处，以投入矢数多少决胜负。后来投壶又有发展，壶口有三，各矢入多少，什么姿势，都有不同的名称，决定胜负就更讲究了。

4-19 汉代投壶画像石 南阳汉代画像石

4-20 清宣宗玩投壶游戏 《清宣宗行乐图》

在清代《宣宗行乐图》上，就画有宣宗坐于亭前，右手执矢欲投。清康熙时曾御制投壶。乾隆皇帝也喜欢投壶，当时御制的投壶、矢等礼器一直被保存下来。据《红楼梦》记载，当时大观园内的十二钗也喜欢玩投壶游戏。

此外，还有一种套物游戏，也和投壶性质近似，但多为儿戏。套物又叫"套圈"，是一种投掷娱乐。在清代，南方地区每逢庙会，赶集时就有人设摊摆物，如泥人、小玩具等，排列成行，在距物五六米处画一条界线，然后以低廉的价钱出卖数量不限的小藤圈。游客们用小藤圈在界外套向物件，如套中此物就归客人所有。清末至民国，套物一直很盛行，不仅在庙会、赶集之时，平时也有在闹市区设摊套物的，至今仍有流行。此外，还有一种套扦子游戏。

4-21　投壶游戏　《清史图典》

4-22　投壶具　《文物》　　　4-23　套扞子　《图画日报》

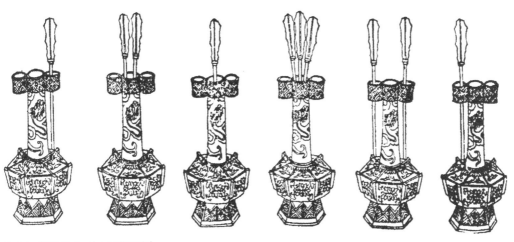

4-24　投壶格式　《中国体育史》

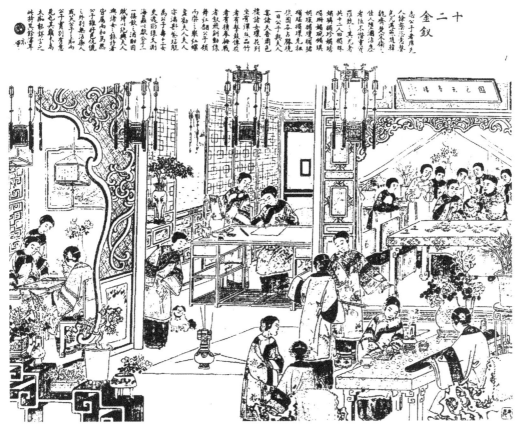

4-25　十二钗玩投壶　《吴友如画宝》

第五章·射击类

　　射击类玩具和游戏，也是很古老的。不过一提到射击，人们就会想到拉弓射箭。其实不限于此，凡是具有一定弹力的工具所发射的武器，都应该划归于此。从使用的发射工具来看，有弓、弩、弹、枪；从发出的武器看，有镞、弹、球等等，其中镞的形式又有多种多样。

一 弓 射

　　远古时期就出现了石箭头，这说明弓箭的历史极为古老。远古传说羿射九日，羿所用的工具就是弓箭。后来就一直被沿用下来，作为狩猎、捕鱼和作战的工具。由于弓箭是实用工具，所以它也就必然成为了儿童的玩具，也是成年仪式所不可缺少的习武用具，故称"射礼"。春秋战国时期把礼、乐、射、御、书、数列为重要的教育内容，射箭是必备的本领，当时已出现"射穿七札""百步穿杨"的射技。在长期的封建社会里，帝王一直把射猎作为娱乐的内容，其他官吏、文人也是如此。在汉代画像石、北魏画像砖上都有习射的形象。在陕西唐墓壁画上也有"狩猎出行图"，后来还出现了"打靶图"。清代满族仍重视弓箭，把骑射作为训练贵族子弟的基本科目。蒙古族有射箭比赛。朝鲜族则在每年旧历九月九举行射柳活动。云南彝族也自小培养儿童习射。

　　弓箭实际包括四部分：一是弓，二是箭，三是扳指，四是箭囊。这是成年人使用弓箭所不可或缺的，但小孩们所玩弄的弓箭就简单多了。以弓箭为戏的方式主要有：

5-1　汉代习射画像砖　四川汉代画像石

5-2　汉代射鸟画像砖　汉代画像石

5-3　西汉射猎纹铜饰　《中国古代体育文物图集》

　　射粉团　《开元天宝遗事》："宫中每到端午节，造粉团角黍，贮于金盘中。以小角造弓子，织妙可爱，架箭射盘中粉团，中者得食。盖粉团滑腻而难射也。"

　　射柳　《金史·礼志》："行射柳、击球之戏，亦辽俗也，金因尚之。凡重五日拜天礼毕，插柳球场为两行，当射者以尊卑序，各以帕识其枝。"清代昭梿《啸亭续录》："国初定制，选王公大臣以及满洲武官中之善射者十五人充禁庭射者，赏戴花翎。"以后演变为射靶。清代震钧《天咫偶闻》："射鹄子，高悬栖皮，送以响箭。"

　　射葫芦飞鸟　《天禄识余》："以鹁鸽贮葫芦中，悬之柳上，弯弓射之，矢中葫芦，鸽辄飞出，以飞之高下为胜负。往往会于清明、端午日，名曰射柳。"

　　射兔　《契丹国志》："三月三日，国人以木雕为兔，分两朋走马射之。先中者胜，其负朋下马，跪奉胜朋人酒，胜朋于马上接杯饮之。北呼此节为'淘里化'"。

　　射绸　《天咫偶闻》："射绸，悬方寸之绸于空而射之此则较难。"

　　射月子　《天咫偶闻》："曰射月子，满语名艾杭，即画布为正也。"

　　射香火　《天咫偶闻》："又有于暮夜悬香火于空而射之，则更难。"

　　射鹞子　以飞雀为目标，向空中射之。

　　在满族、藏族、蒙古族、锡伯族、普米族、纳西族地区还流行射箭节，节日期间都举行隆重的射击比赛。满族入关之前，勇敢善战，精于骑射，进关后，统治者一直关注八旗子弟的射技，提倡骑射。但是清末民初，满族已失去了骑射的优良传统，但民间还流行弓箭玩具。

　　蒙古族是一个游牧民族，骑射在其狩猎和护身防敌中仍起重要的作用。蒙古族射箭比赛很多，参加比赛者不分男女老少，凡参加者都自备马匹和弓箭，具体有以下几种比赛方式：

　　一是立射，即站立射靶。彭大雅《黑鞑事略》云："其步射，则八字立脚，步阔而腰蹲，故能力而穿札。"步呈八字，重力在下，弓的弹力与人的弹力相和谐，故能百发百中。

　　二是骑射，即跑马射箭。《黑鞑事略》云："凡其奔骤也，跋立而不坐，故力在

5-4　魏晋骑射画像石　甘肃汉代画像石

5-5　蒙古族儿童骑射　《内蒙古画报》

5-6　小孩习射　《每日古事画报》

5-7　清代宫廷习射　《点石斋画报》

5-8　文武状元习刀箭　杨柳青年画

5-9　百子如意练习武　杨柳青年画

跗者八九，而在髀者一二，疾如飙至，劲如山压，左旋右折如飞翼，故能左顾而射右，不特抹秋而已。"蒙古族骑马多直乘鞍上，无拱背坐马之势，因而疾驰如飞，左顾右射。射箭的场面非常壮观，射手在颠簸的马背上拿弓、抽箭、搭箭、发箭，一马三箭要在规定的跑道上射完，如射不完是很不光彩的。

5-10　围猎图　杨柳青年画

5-11　射猎壁画　高句丽狩猎图壁

5-12　朝鲜族重阳习射　《点石斋画报》

5-13　七姓射猎　《皇清职贡图》

5-14　清宫习射　《紫禁城》

三是远射。《也松歌碑文》记载，成吉思汗在征服花剌子模后，在布哈萨朱亥地方召集众诺彦们开了庆典盛会，成吉思汗的侄子也松歌射出了335米。远射比赛在古代曾受到推崇。[1]

二 弩 射

弩是一种古老的射击工具，是由弓箭发展来的。《古史考》："黄帝作弩。"最初的弩很简单，是在一根木臂上安一竹子，木臂后方有一悬刀，鄂伦春族的地箭就是这种形制。原始的弩有两种形制：一是手持弩，比较轻便；另一种是地弩，比较沉重，是固定在地上使用的。北京玩具弩是用来射击弹丸的，已失去实用价值。

弩射前必张弩弦。小弩以臂力即可，这种小弩，杀伤力有限，可射禽类和小动物，但要在弩箭上涂毒药，就可以射杀猛兽了。为了射中目标，也要经常练习。古

5-15 手弩 中国国家博物馆提供

代云南有一种"么些"人，属于彝族。当地有一个习俗，他们在练习射弩时，在抱着孩子的妇女背上设靶，由男人射之而不伤人，这说明其弩技之高明。太重的弩则需手足并用，河南画像石上就有蹶张图像，说明地弩是较大的，用手张十分困难，必须是手足配合，才能张弩搭箭，进行发射。

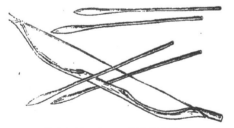

5-16 桦木弓箭 中国国家博物馆藏

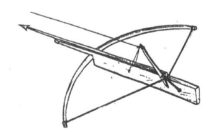

5-17 地箭 《最后的捕猎者》

注释① 邢莉：《游牧文化》，北京燕山出版社，1995年。

三 弹 丸

弹丸类玩具指泥、陶或小石子制做的小球类玩具，玩法甚多，主要有弹弓、弄丸、弹球、弹豆和绷弓子等。

弹 弓

《吴越春秋》中记录着一首弹歌，歌词是"断竹续竹，飞土逐肉"。大意是说，砍断竹子做弓弧，再以竹条为弓弦，还用竹弓去发射陶土弹丸，以猎取禽兽。这首歌仅用四句话八个字就活灵活现地描述了弹弓的用途，这说明弹弓在古代人的心目中留下了非常深刻的印象。

5-19 弹弓子 白英绘

5-18 弹射 《三才图会》

5-20 弹弓射 李露露摄

5-21　清代猎鹿　《乾隆猎鹿图》

　　弹丸是指以竹、木为弧，以藤为位，但在弦中央置一网兜，用以射击石块、土块、弹丸等工具。过去认为最早的射击方式就是用弓箭，其实不然，在我国新石器时代遗址中，皆发现不少石弹丸、陶弹丸，这些弹丸是实用的狩猎工具。弹丸投射方式有两种：一种是简易的投石兜，以甩力将弹丸投出去；另一种是竹弹弓，该弓与一般弓相似，但弦以竹、藤为之，中间有兜，可置一至三个弹丸，即射出捕鸟。这种工具最早见诸于甲骨文字，并在甘肃嘉峪关北魏画像砖上，画有一猎鸟图，猎人就是用竹弹弓发射弹丸的。《文献通考》称宋代有人"盖置丸于地，仅张其弓，飞丸以射之也"。在《三才图会》中也有一幅射弹弓的画。

弄　丸

　　弄丸，又名"跳丸""飞丸""抛丸"，是单手或双手快速连续上下抛接球弹的游戏。《庄子》："市南宜僚弄丸而两家之难解。"在汉代画像石上有许多弄丸形象。这种游戏是汉代百戏中的一部分，有一人舞数丸，上下抛接，永不落地；也可以一人弄丸十余枚者，并进行跳丸之戏，有的弄丸艺人还进行跨人表演。

从玩具发展史上看，弄丸是由飞石索发展而来的，在弄丸的基础上，又有弄球、弄玉。一人可抛出十块玉，并做出各种动作。后世也有弄丸者，一般是作为护身的武器。如《水浒传》中的扈三娘就以弄丸而著名。

❀ 弹　球

弹球，又名"弹丸"，一般弹玻璃球，起初所用的玩具为陶弹丸，后来改为石球，近代为玻璃球。近代玩弹球有两种方法：

一种是弹"锅"。先在地上画一方格成圆圈，约一平方米，称"锅"，距"锅"三四米处画一横线，称为"杠线"。玩时，每人将同等数目的弹丸置入"锅"内，共同站在"锅"前，往"杠线"掷弹丸，根据每个弹丸距杠线的远近决定名次，然后依名次先后，用弹丸向"锅"内弹去，如果自己的弹丸弹入"锅"内而不出，谓之"烧死"，立刻失去比赛资格，如能从"锅"内弹出若干弹丸，最后将"锅"内弹丸弹尽即算弹胜一盘。

另一种是撞击。众儿童各持自己的弹丸或石球，向墙根撞击，以弹离墙根最远者为第一，然后他可以用自己的弹丸或石球，弹射其他人的弹丸或石球，但每个人的弹射点都应该在撞墙后的落点进行。谁被击中，谁就失去一球，如此决定胜负。

❀ 弹　豆

在弹丸、弹球的影响下，儿童们又以蚕豆、黄豆取代弹丸和弹球，进行弹豆游戏。其中有两种玩法：

一种是弹豆。这种游戏可三四人玩耍，首先决定出名次，每人手中握若干豆，然后一起出示豆数，根据豆数多少决定名次。玩时，每人出若干相同数量的豆粒，混合在一起，撒在桌子上，先由第一名弹豆，他以食指在两豆间画一道，然后以一豆弹另一豆，弹中则取之。再画第二道线，又弹之，中则归己所有，不中则由第二名弹豆，直到把豆弹尽为止。

另一种是，先在地上画一个正方形，边长50厘米，内两对角线相交，分成四个三角形，分别写有1、2、3、4四个数字，在每边外画一弧线，称"油锅"。玩时，每人出同样的豆粒，置于对角线的交点处，并决定比赛秩序。发豆者把豆弹远，弹豆者把该豆再弹回来，先弹四次，每次唱不同的词儿，如"一弹弹儿""二把年儿""三打鼓儿""四赢钱儿"。豆入方格中，落于一格得一豆，落于二格得二豆，依此类推，落入"油锅"内则败北。

绷弓子

绷弓子，又名"弹弓""绷弓枪"。周密《武林旧事》中已有弹弓的记载。弹弓以木叉为架，或以铁条圈制而成，在叉尖处拴有皮筋，皮筋合拢处有一兜，玩时，左手握柄，右手将小石头放在兜内，拉开皮筋瞄准，即可发放。儿童们常喜欢玩弹弓。

另外，北京小孩儿还喜欢玩一种用绷弓枪打仗的游戏。绷弓枪是用粗铁丝窝制成手枪状，头部有两个小圆圈，后部窝制成弹夹状，并用皮筋套在前部的小圆圈内，然后用硬纸叠成的"子弹"夹住皮筋向后拉紧，并挂在弹夹上。射击时，用手指扣动用铁丝窝成的扳机，把皮筋上的子弹弹出，击中对方。此游戏多为男孩子所喜爱，也为绷弓子游戏的一种。

四 弋 射

弋射，是在弓箭的基础上发展起来的，它与使用弓箭一样，但是弋射又有自

5-22　战国铜壶上的弋射图 《文物》

己的特点，即可在箭矢后边系一条长丝套，射出后，可引丝把射中的物拉过来。弋射由以下工具组成：

首先是发射工具。弋射一般用弩，亦可用弓。从图像上看，用弓用弩的都有，在文献记载上不乏以弓弋射的内容。《吕氏春秋》："善弋者，下鸟乎百仞之上，弓良也。"不过，弋射所用的弓似比战弓（作为兵器的弓）小。《列子》："蒲且子之弋也，弱弓纤缴，乘风振之，连双鸧于青云之际。"湖北曾侯乙墓出土过一件小竹弓，制作精巧，外涂黑漆，可能为墓主生前弋射所用。

其次是箭矢。《淮南子》："好弋者，先具缴与矰"。矰者系绳之矢，缴者矢上之绳，这种带绳的箭为弋射专用。不同的发射工具弓与弩所要求的矢有长、短之分。《周礼》上将矢分为八种，郑玄注："此八矢者，弓弩各有四焉。"其中"矰矢、茀矢用诸弋射"。弩用短矢，张弓则必"箭在弦上"，因而需用长箭。弋射之矢，箭头有倒刺，箭铤中有孔槽，前者防猎物逃脱，后者适于系绳。广东、江苏等地出土的战国及汉代铜矢，都具有上述特征，当为弋射所用的实物。

再说缴与磻。如上所说，缴即系在矢上的绳子，可能用生丝捻成。曾侯乙墓的弋射图上缴尾分成三股，似乎有些缴是由三股合成的。在缴的端坠有圆球状物体，应是绕缴之磻。《后汉书·马融传》注引《说文》："以石著弋缴也。"磻乃拴缴的石质工具，取其重量，以做坠石，射中的飞禽不致将矢缴带走。从成都百花潭出土的战国铜壶弋射图、汉代画像砖上都有类似的形象。目前，弋射已经失传。[②]

五 竹 枪

在民间儿童玩具中，还有一种竹枪，在江南地区极为流行，其形制也是多种多样的。如浙江有一种射竹枪，俗语"竹拍枪"，又称"枪弹"。其取直径 2 厘米、长 30 厘米左右的竹筒，一端空，一端留节。在节边凿一个口，长约 0.5 厘米，距离这个洞口 15 厘米相对的地方也凿一个上下能通的口，上口长 2.5 厘米，下口长 1 厘米，宽 1.5 厘米。然后，另取一竹片，长 40 厘米，削均匀，一头插入口内，另一头插入另一端口内，呈弧形，称"弹片"。玩时，把活动一端的竹片直接插

注释② 宋兆麟：《战国弋射图及弋射溯源》，《文物》1981 年第 6 期。

5-23　儿童玩竹枪　李露露摄

5-24　闹学顽戏玩武打　杨柳青年画

5-25　女学堂演武习射　杨柳青年画

到下口，露出0.5厘米左右，拣一粒指头大小的石子，放进竹筒顶片的地方，瞄准目标后，用食指把露在外面的竹片向下一压，只听"啪"的一声响，石子便借着竹片的弹力，从竹筒飞出，击中目标。③

汉族有一种"假连枪"。它是用竹筒一节，后旁凿大眼孔一个，上安竹节一根，放以野生植物子儿多颗于其间，配成连枪的形式，竹节用一根棍梭击之。子装进筒内，必由口出，用力将棍梭击筒口，射子声音连续不断。

上述竹枪，又称"竹管枪"。竹枪还有多种形式，如竹片枪、竹水枪等。民间还有一种袖箭，也是竹制的。袖箭是暗器之一，一般取一竹筒，内有弹簧。竹筒长20厘米，直径3厘米左右，内装一支短箭，平时竹头上有一按钮卡住箭，施放时，一按按钮，袖箭就放射出去了。这种器物在古代文献中多有提到，但儿童们玩的袖箭较少，主要是用于射击目标，如树、麻雀等物。

注释③　兰周根提供。

第六章·动物类

　　动物在玩具和游戏中占有突出的地位，其种类多，内容丰富，基本可分为两大类：第一，饲养类，如养狗以狩猎和护家，养蝈蝈听鸣叫，养鸟以观赏，等等；第二，竞斗类，如斗虫、斗鸟、斗牛等等。

一 饲养类

饲养类动物较多，一般是先捕后养。

养 鸟

养鸟先要捕鸟，捕鸟原是古老的狩猎活动。这里所说的捕鸟，主要是指捕捉活鸟，再驯育之，因此捕捉的方法也颇有特点。最简单的捕鸟方法是掏鸟，或者在夜间摸进鸟巢，或者用竹筐扣捕，巧妙地把巢内的鸟抓住，或者白天去抓拿巢内的幼鸟，然后回家驯养。

养鸟者的捕法主要是以网套之，其中又有挂网，类似捕鱼中的拦网，鸟头一飞入网套就束手被擒了。还有一种是粘鸟，即利用各种粘膏，把带有粘剂的树枝放在鸟常落下的地方，鸟降落时就被粘住了。儿童常玩的粘蜻蜓也是用这种方法。还有一种滚笼，笼内放一只鸟媒，当它鸣叫时，其他鸟就降落于笼上，笼上有活动的机关，鸟一踏上就陷入笼内。此外，用筛子扣鸟，也是儿童们常用的捕鸟方法。

6-1 鸟媒捕鸟 《尔雅音图》

6-2 嬉鸟 《吴友如画宝》

6-3 养鸟 《羊城风物》

　　捕捉到鸟后，还有一个驯育过程，旧时的牧童是捕鸟能手，也是驯鸟的能手，他们往往把鸟带进山林，给鸟捡虫子吃，边放牧，边驯鸟。饲养鸟媒的猎人也采用这种方法。城市的老人养鸟时，必须天天"遛鸟"，他们早上提着鸟笼，蒙上布帘，在树林、公园漫步，这也是驯鸟活动。至于驯育斗鸟就更复杂了，可以饲养的鸟种类较多，有画眉、黄雀、鹦鹉、八哥、鹞子、白鹰、野鸡、鱼鹰、鸽子等等。

　　宋代人们均喜爱养鸟，在河南一宋代砖雕中，其上有一侍女双手捧盘，上置鸟笼。民间也常出现以养鸟谋生者。《都城纪胜》："又有专为棚头，又谓之习闲，凡擎鹰、驾鹞、调鹌鸽、养鹌鹑、斗鸡、赌博、落生之类。"在《太平春市图》

6-4 童戏鸟巢 杨柳青年画

中就有卖鸟的小贩在售鸟。

养鸟也常被搬上戏台，如河南偃师宋墓砖雕画上就有一人托着鸟笼，身为市井打扮，当为世俗子弟的场景。

养鸽子的历史也很悠久，其目的是观赏、食肉、通讯。因此，鸽子有许多品种。广东等地还流行放鸽会，《粤东笔记》："广人有放鸽之会。岁五六月始放鸽。鸽人各以其鸽至，主者验其鸽。"

北京有许多青年人都喜欢养鸽子，素有"鸽戏"之称。在鸽子放飞时，必给鸽子戴上鸽哨。鸽哨是用竹筒、苇管或葫芦制成，使用时将鸽哨用针别在鸽子尾羽的根部，鸽子飞行时，风吹入哨内，即发出清脆悦耳之声。另外，扑蝴蝶也是妇女儿童喜欢的游乐活动。

6-5　鸽戏　《点石斋画报》

6-6　放鸽子　《点石斋画报》

6-7　捕粘蜻蜓　杨柳青年画

6-8 戏鹰 《西岳降灵图》

6-9 放鹰图
《西岳降灵图》

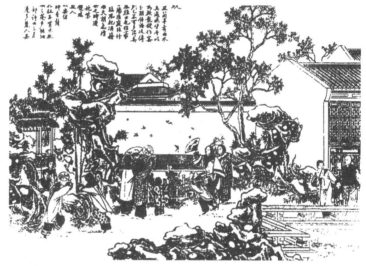

6-10 玩鸟 《苗民图》　　6-11 扑蝶 《点石斋画报》

　　在养鸟活动中，还饲养猎鹰，如唐代的猎户饲养猎鹰是用以捕猎的，宋代依然如此。东北出产的海东青就是最好的猎鹰，自周代开始，以至清代，都向中原王朝贡纳海东青。

🌸 金　鱼

　　金鱼，又名"锦鱼""盆鱼"，是观赏鱼类的总称。金鱼是由金鲫鱼演变来的。南朝任昉《述异记》："湖中有赤鳞鱼。"养鱼是从钓鱼发展来的，唐代开始流行在池中养金鱼。南宋时期养金鱼有较大发展，张世南《游宦纪闻》："里中儿蓄之，

6-12 荷亭晚钓 《清史图典》

角胜负为博戏。"这是一种斗鱼游戏。苏汉臣《婴戏图》中就有儿童看金鱼的形象。特别是清代末年，出现了玻璃鱼缸、翡翠瓶等养鱼工具，使钓鱼养鱼进入家家户户，品种也越来越多。清代姚元之《竹叶亭杂记》对金鱼的种类、饲养方法、品种评价进行了详细介绍，认为金鱼分龙睛、蛋鱼和文鱼三种，此外还有各种串种（杂种）鱼。饲养金鱼不仅是儿童游戏，也是成年人喜欢的。《清稗类钞》："有畜金鱼者，分红白二种，贮于一缸，以红白二旗引之。先摇红旗，则红者随旗往来游溯，疾转疾随，缓转缓随，旗收则鱼皆潜伏，白亦如之……以二旗分为二处，则红者随红旗而仍为红队，白者随白旗而仍归白队。"在中国传统吉祥图案中，有一种"金玉满堂"，其中"金玉"就是金鱼的谐音。

6-13　宋代童子钓鱼瓷枕　《东南文化》　　　6-14　孩童戏金鱼　《吴友如画宝》

6-15　观金鱼　山东潍坊年画

6-16 赏戏金鱼 《吴友如画宝》　　　　　　　6-17 宋代钓鱼瓷枕 　《文物》

养 猴

耍猴娱乐由来已久，在汉代画像石上已出现猴戏。《唐舞绘》上也有猴戏。明清以后猴戏依然活跃，如《太平春市图》上就有耍猴人。北京旧时大街小巷也有

6-18 猴戏 《北京风俗图谱》

不少耍猴艺人。浙江杂技中还流传有猴舞。武清年画上也有耍猴的内容。从这些形象上看，耍猴人多背一木箱，手牵一猴，以击锣为号，招揽游客观看。《燕京岁时记》云："耍猴儿者，木箱之

6-19　猴舞　《点石斋画报》

6-20　耍猴子　民间烟画

6-21　耍猴担　《羊城风物》

6-22　清代万国来朝象使图　故宫博物院藏

内藏有羽帽乌纱，猴手自启箱，戴而坐之，俨如官之排衙，猴人口唱俚歌，抑扬可听。古称沐猴而冠，殆指此也。"

养　象

象畜产于南方，商周时期传入中原。在汉代画像石上多有戏象图像。清代都城也养象，并定期出行，这也是人们观象、戏象的盛会。古代把象作为百戏之一和运输工具。傣族至今还饲养大象。

6-23　象戏　《滇南夷情汇集》

❋ 养猫、狗

养狗本为人类生存的需要，一是为了助猎，二是保护主人，从这种意义上说，养狗是人类生产生活实用的需要，因此出现最早。后世养狗逐渐失去实用目的，变成玩耍的娱乐方式。西藏的牧羊犬是最大的狗种之一，但当地的袖狗就只具有观赏性了。四川凉山地区的狗短小，但适应穿越丛林，是猎人的好助手。一般汉族的狗则是看家护院用的，也侧重于观赏、玩耍之乐。

与此同时，人类也饲养猫了。猫是捕老鼠的能手，这一点无可争议，但是，养猫也是为了玩耍、观赏。

6-24　戏狗　《羊城风物》

6-25　戏猫　《古事画报》

6-26　幼童戏猫　《故宫文物月刊》

6-27　戏猫　《允禧训经图》

6-28　童戏猫狗　杨柳青年画

养蝈蝈

6-29　卖蝈蝈　《北京风俗图谱》

蝈蝈又称"络纬"，是野生的鸣虫类，生活于山野和田间。夏秋为蝈蝈交尾期，雄蝈蝈翅短，腹大，前翅较硬，两翅摩擦时能发出声响，其鸣声可引诱雌性蝈蝈。人们往往利用这一习性，将雄蝈蝈捉住，加以饲养。城市里的孩子们看见乡下人挑着担子，沿街叫卖蝈蝈，除了惊喜欲购外，往往多向大人们询问蝈蝈是如何抓到的。乡间农村虽然有许多野生蝈蝈，但分布分散，又单只活动，生性灵敏，捉拿十分困难。人们为了抓住蝈蝈，事先准备许多编织好的小笼，进山捉蝈蝈时带着，同时还在草帽顶端准备许多线头，以便拴蝈蝈使用。有两种引诱蝈蝈的方法：一种是在草帽上拴一只喜鸣叫的蝈蝈，作为诱饵，以逗引

6-30　蝈蝈鸣叫　《吴友如画宝》

其他蝈蝈出来；另一种是用"蝈蝈引子"引诱。

按民间说法，蝈蝈有若干种类，有金蝈蝈、银蝈蝈、铁蝈蝈、豆蝈蝈之称，其依据是在其翅膀内有类似金银色的粟粒般的"虫"，从而定名为不同的蝈蝈。其中铁蝈蝈的叫声最响，金蝈蝈也很善鸣。

捉到的蝈蝈要放在竹、草或秫秆等编成的蝈蝈笼内，笼子大小不一，种类繁多，有四方形、扁平形、立柱形、三角形等，但都设有便于开关的门，以便进食和清扫残物。夏秋之际常把蝈蝈笼挂在房檐下通风和通光，天冷之后，再把蝈蝈放在葫芦缸里，外包暖套，放在日光下或炕上，或火盆旁边，尽量延长蝈蝈的寿命。在冬季的节日庙会上，也常有出售蝈蝈的小贩。

由于蝈蝈的生命短促，一般过不了冬天，为了在春天也能听到蝈蝈的叫声，人们便开始驯育蝈蝈，《康熙御制文集》有一首诗：

秋深厌聒耳，今得锦囊盛，经腊鸣香阁，逢春接玉笙。
物微宜护惜，事渺亦均平，造化虽流转，安然比养生。

这是赞美人工育蝈蝈的诗篇。有人猜想当时的蝈蝈必盛在"锦囊"中，这是不错的。故宫博物院内至今还收藏有不少精美的蝈蝈葫芦，造型美观，并带有象牙盖、银丝网，现作为珍贵文物保存。①

现在养蝈蝈风俗在乡间仍广为流行，卖蝈蝈的农民还常在城内沿街叫卖。在京津地区还有个别人从事冬季育蝈蝈的行当。

🐭 鼠 戏

东晋时已有"筤鼠"，这是林中的小鼠，南方称"豚鼠"，并给它穿衣，做打秋千、爬梯子、推磨、纺线等动作。近代北方又称其为"耍四喜"，西南地区称"耗儿戏"。

《聊斋志异》："一人在长安市上卖鼠戏。背负一囊，中蓄小鼠十余头，每于稠人中，出小木架，置肩上，俨如戏楼状，乃拍鼓板，唱古杂剧。歌声甫动，则有鼠自囊中出，蒙假面，被小装服，自背登楼，人立而舞。男女悲欢，悉合剧中关目。"《燕京岁时记》："京师谓鼠为耗子。耍耗子者，水箱之上，缚以横架，将小鼠调熟，有汲水钻圈之技，均以锣声为起止。"此外，民间传说蝙蝠是由老鼠吃盐变来的，

6-31 看鼠戏 《聊斋图说》

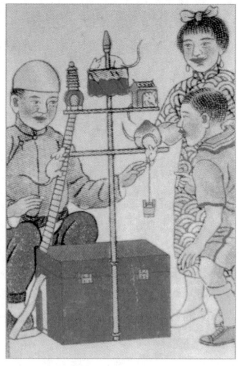

6-32 鼠戏 民间烟画

注释① 孟昭连：《中国鸣虫与葫芦》，天津古籍书店，1993年。

6-33 儿童玩蝙蝠游戏 杨柳青年画

在玩耍蝙蝠时，往往误认为是"鼠飞"。儿童常常喜欢玩蝙蝠游戏，以象征富贵。

养其他动物

鹿本为野生动物，后来为某些狩猎民族驯化，成为驯鹿，作为运输工具。从汉代起，人们已把玩鹿作为百戏活动之一，同时也把骆驼作为百戏的内容，蛇戏在当时也很流行。

6-34 鼠子戏 《点石斋画报》

狮子是从国外传入的动物。宋代已有驯狮活动，如山西晋城宋墓壁画上就有驯狮形象。由于我国狮子缺乏，后来改为人扮演耍狮子的游戏。

虎戏在汉代已经盛行，如山东画像石中多有注录。与此同时，还出现了豹戏，供人们观赏、娱乐。

耍熊也是百戏内容之一，在《北京三百六十行》画册中，就有耍熊的艺人形象。近代还有玩刺猬的。

6-35 汉代蛇戏画像石 汉代画像石

6-36　汉代兽戏　汉代画像石

6-37　汉代虎戏画像石
汉代画像石

6-38　玩刺猬　张毓峰绘

6-39　熊戏　民间烟画

二　斗　禽

斗禽，是指两禽相斗，有斗鸟、斗鹌鹑、斗孔雀、斗鸡、斗鹅等等。

斗　鸟

斗鸟是一种斗禽游戏。鸟类品种较多，有画眉、八哥、鹌鹑、孔雀等。其斗

6-40 斗麻雀 《三百六十行》

法有两种：一种是隔笼相斗，通常是在一大鸟笼里放两只鸟，中间隔开，二鸟隔开相斗，经过几个回合，败者不鸣，胜者鸣叫；另一种是滚笼相斗，把两鸟放在一个大笼内，中间不隔，任二鸟相斗，有时羽毛脱落，头破血流。

斗鹌鹑，又名"冬兴""鹌鹑圈"。唐代已有斗鹌鹑，伴奏相戏，一直到清代仍有之。《川沙厅志》："每于秋末冬初……斗鹌鹑，曰'冬兴'，又曰'鹌鹑圈'。良家子弟，由此废时失业。"在明代版画中也有儿童玩"斗鹌鹑"的形象。

斗鹤，《左传》："卫懿公好鹤，鹤有乘轩者。"后来，民间也以鹤相斗为娱乐活动之一。

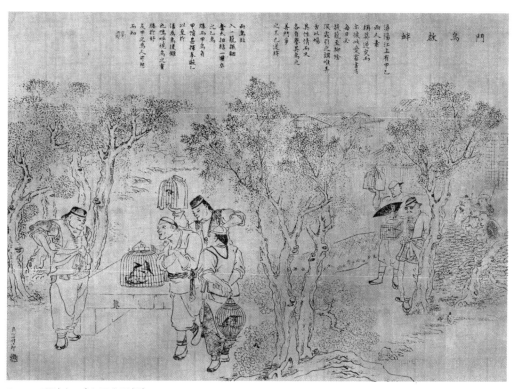

6-41 观斗鸟 《点石斋画报》

Birds Fight

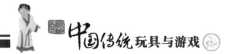

6-42 童戏斗鹌鹑 民间年画

6-43 斗鹑图 《清史图典》

✿ 鸡 媒

鸡媒，又名"媒子""雉子""园子"，是一种经过驯育的引诱野鸡的小野公鸡。《文选·潘岳射雉赋》徐爰注："媒者，少养雉子，至长狎人，能招引野雉，因名曰媒。"这种鸡媒是经过专门驯练的，需拔掉翅尖，不令其飞，一般是在鸡笼里饲养的，它是猎人的重要狩猎禽类。

关于鸡媒的起源，过去多以《文选·潘岳射雉赋》为据，认为起始于南北朝时期，其实这是一种古老的狩猎方法，应该起源于史前时代，但缺乏文字记载。我们看到最早的鸡媒是在汉代画像石上发现的，在一棵树上，悬挂着一个竹筐，其内养一只鸡媒，在远处正有一只野鸡向树梢飞来，旁边有一位男性猎人，腰佩长剑，张弓欲射。在《尔雅音图》上也有以鸡媒引诱野鸡的形象。

✿ 斗 鸡

斗鸡是以两只雄鸡相斗而决定胜负的游戏。它是在斗鸟的基础上发展来的，历史也很悠久。《左传》："季氏介其鸡，邱氏为之金距。"《庄子》记载周宣王时已有斗鸡之戏，并且有一套驯养斗鸡的方法。在河南汉代画像石上也有斗鸡图像。唐玄宗时在两宫间设有鸡场，以斗鸡为乐趣。明版的《三才图会》上也有斗鸡绘画。古典小说中也常有描述斗鸡的风俗。这种游戏在我国不少民族中还保留着。

在斗鸡流行的同时，还有斗鸭、斗鹅，起源于东南水乡。三国时期吴国就盛行斗鸭，建昌侯孙虑在堂前设斗鸭栏。南朝宋国官员

6-44 养鸡鸭 张毓峰绘

6-45 儿童戏鸡 清粉彩鸡缸杯

6-46 小孩戏鸡 旧广告画

6-47　斗孔雀　《焚香记》

6-48　汉代斗鸡画像石　汉代画像石

王僧达病休在家，因去观看斗鸭之戏，为朝廷所弹劾。这说明当时斗鸭十分流行。
清末民初，民间还有斗鹅游戏。古代还流行过斗孔雀。

6-49　斗鸡图　《三才图会》

6-50　斗雄鸡　《图画日报》

斗蟋蟀

斗蟋蟀，又名"秋兴""斗蛋""斗促织""斗蛐蛐"。从文献记载上看，唐代已流行斗蟋蟀。《说郛》引宋代顾文荐《负暄杂录》："斗蛋亦始于天宝间，长安富人镂象牙为笼而蓄之，以万金之资付之一啄。"五代王仁裕《开元天宝遗事》："每至秋时，宫中妃妾辈皆以小金笼捉蟋蟀，闭于笼中，置之枕函畔，夜听其声。庶民之家亦皆效之。"宋代民间斗蟋蟀已相当流行，苏汉臣《婴戏图》绘画中就有儿童斗蟋蟀的活动，当时历届宰相都玩斗蟋蟀。明代此俗又有所发展，谢肇淛《五杂俎》："三吴有斗促织之戏，然极无谓斗之有场，盛之有器，必大小相配，两家审视数四，然后登场决赌。"

6-51　斗蟋蟀　《启蒙画报》

清代斗蟋蟀更加严格，一是选健壮好斗者，不能用有病的蟋蟀，二是讲究蟋蟀颜色。

斗蟋蟀都是雄性，翅膀上有旋涡纹，又好斗又好叫，可分为若干等级。斗时，多用引子，即用草引斗，或者用马尾鬃引斗。斗时将两蟋蟀置于盒中，互咬，几个回合以后，胜利者展翅鸣叫，失败者则灰溜溜而去。

清代还出现有蟋蟀市场。清代顾禄《清嘉录》："白露前后，驯养蟋蟀，以为赌斗之乐，谓之秋兴，俗名斗赚绩。提笼相望，结队成群。呼其虫为将军，……两造认色，或红或绿，曰标头。台下观者，即以台上之胜负为输赢，谓之贴标。

6-52　童戏蟋蟀　民间年画

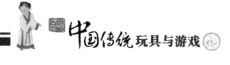

斗分筹马，谓之花。花，假名也，以制钱一百二十文为一花。一花至百花千花不等，凭两家议定，胜者得彩，不胜者输金。"又如《点石斋画报》中的"蟋蟀会""斗蚩雅会"等图都具有上述性质。

蟋蟀缸一般是用陶制的，圆形，直径15厘米，高10厘米，分底、盖，外有花纹。讲究一点的蟋蟀缸是瓷器，由于斗蟋蟀成风，社会上出现了以捉蟋蟀、卖蟋蟀为生的人，他们沿街叫卖，或者在市场上设摊出售。

由于斗蟋蟀主要流行于儿童中间，在古代绘画中多以儿童斗蟋蟀为题材，而且与多子多孙的愿望结合起来。例如

6-53　五子戏蟀　《吴友如画宝》

6-54　蟋蟀会　《吴友如画宝》

6-55　斗蚩雅会　《点石斋画报》

6-56　戏斗蟋蟀　《点石斋画报大全》

二子斗蟋蟀，三子斗蟋蟀，五子斗蟋蟀，六子斗蟋蟀，甚至有九子斗蟋蟀等年画，贴在居室内，既体现了人们对该类游戏的重视，又渴望多子多福，儿女满堂。②

三　斗　兽

斗兽是指兽与兽搏斗，或者人与野兽（包括家畜）搏斗的游戏。这种游戏在汉代画像石中多有反映。至今在少数民族地区还保留有斗牛、斗马、赛骆驼和斗羊之戏。

现在比较流行的斗兽，有三种：

斗　牛

斗牛，又名"操牛""抄牛角"，让两牛相斗，以决胜负。民间传说斗牛起源有三：一是《成都记》中记载其起源于战国时期的秦国，蜀守李冰为治蛟暴，

6-57　汉代斗牛画像石　《汉画文学故事集》

注释②　孟昭连：《中国鸣虫与葫芦》，天津古籍书店，1993年。

化牛神与江神格斗，后来民间改为牛与牛相斗；另一种是斗牛娱神；还有一种说法是农闲时以斗牛为戏。每年插秧结束以后，举行第一次斗牛活动，称为"开角"，次年春耕前为"封角"，即最后一次斗牛。斗牛时间一般是一个月一大斗，半个月一小斗，所用牛种为黄牯牛，要求牛健壮、凶猛。斗牛不耕田，还给每个牛命名。在"斗牛"仪式上，打彩旗，戴牛鞍，锣鼓齐鸣。两牛相遇后，交角搏斗，以决雌雄。一对牛搏斗后，第二对牛又继续上阵。节日期间斗牛活动更为流行。

所用的斗牛，北方用黄公牛，南方多用水公牛，藏族地区还流行斗牦牛。除牛与牛斗外，还有人与牛斗的游戏，这种游戏在一些少数民族地区相当流行。例如回族称"掼牛"，以把牛摔倒为胜，回族斗牛凭借力量和技巧，采取拧、扛、压等手段，直到把牛摔倒为胜。

6-58　斗牛图　《三才图会》

赛　马

赛马就是斗马活动。古代早已有之，并保留在各个民族地区。马术是蒙古族特有的马上竞技表演项目。《内蒙古纪要》云："马术，上体垂直，膝下向后方稍曲，无论若何运动，仅上体稍动，下体之位置全然不变，策马而驰，则直立鞍上，腰不及鞍，纵终日马上亦无倦容。"《清稗类钞》刊载了清乾隆皇帝在巡幸木兰观看蒙古人表演马术的情景："一曰诈马，选六七岁以上幼孩，文衣锦襟，衔尾腾骧，散鬣结发，不施鞍辔，而追风逐电，驰骋自如，别树大蠹于数里外，先至者受上赏。"这里所谓的"诈马"指的是赛马。马术除赛马外，我国北方游牧民族的传统项目还有骑马越障、骑射、马上角力、马上劈斩、马球、驯马、套马等。蒙古牧人熟练地掌握了各种平衡、支撑、倒立、空翻、转体、飞身上马等动作。其体态之灵活和动作之敏捷，使人惊叹不已。

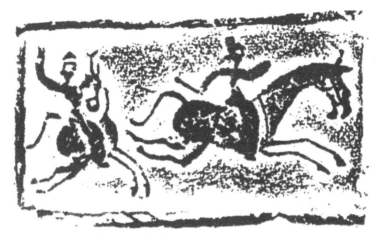

6-59　汉代赛马画像石　汉代画像石

6-60　斗马　《点石斋画报》

✼ 赛骆驼

　　赛骆驼是蒙古族竞技的重要项目之一。赛骆驼前要做各种准备：第一，"吊"骆驼，即在赛前半个月减少食、水，只给骆驼吃些含蛋白质的精料，这不仅关系到其赛跑的速度，而且影响到牧畜的健康；第二，赛手的服饰，参赛的服装以柔

6-61　骆驼图　嘉峪关画像砖

软的绸料制作，轻巧利索，色彩鲜艳，一般着天蓝、粉红、白色，也有古铜颜色的，帽子呈各种式样，有圆形平顶的黑帽子，也有戴头盔形的。

蒙古族赛骆驼的项目有两种：一种是远路赛，其距离为 30 里或 50 里，最长的达 70 里；另一种是近路赛，其距离为 2000 米、3000 米、5000 米。

赛前在高处点燃一堆火，由参赛的主人牵着骆驼向火焚香，并绕香顺太阳运转的方向走三圈。有的地区在赛前要给骆驼的颈项上拴上哈达。蒙古族赛后按到达终点的顺序绕着象征时运的火堆小步跑三圈，使骆驼平喘，然后向火堆祭酒。③

此外，贵州三都县水族有一种斗鱼游戏，当地每个村寨都饲养一种好斗的鱼，该鱼长 3 至 4 厘米，重 50 克左右，体圆，尾秃，嘴大，鼓眼，细牙，身上有一道道红圈，脊上多羽翅。平时生活在水田中，吃小虫和藻类。斗鱼时，双方都把自己饲养的鱼放在盆中，两鱼互斗，咬架，往往致一方伤亡为止。④

注释③　邢莉：《游牧文化》，北京燕山出版社，1995 年。
注释④　何积全：《水族民俗探幽》，四川民族出版社，1992 年。

第七章·烟火类

烟火类玩具和游戏也不少，构成一种特殊的游戏活动。主要有玩火把、放鞭炮、放烟火、灯戏、吐火等等。

一 玩火把

　　玩火把是一种很古老的游戏。人类自从会取用天然火后，就以火把照明，传递火种，驱赶野兽，当时的火把就是燃烧着的树枝。后来，火把一直被人类所使用，并保留在某些民族的节日活动中。如彝族、纳西族、白族、傈僳族在每年农历六月二十四、二十五举行的火把节就是一例。

　　李京《云南志略》："六月二十四日，通夕以高竿缚火炬照天，小儿各持松明火，相烧为戏，谓之驱禳。"火把之夜，各家各户将柴竹松枝剖劈捆扎，扎以花草，点燃成炬，大火把多由青年、儿童手持玩耍。他们有的拿着火把照遍房舍、畜圈后，再到路边田地照耀，以示驱灭害虫和祈祝丰收，牲畜康壮，辟邪安全。有的人行走如飞，奔跑于野外墓地，祭墓祭祖。有的将木屑火星向长者或行人洒烧，称"送福"或"烧晦气"，祝愿人们身体健康。最后大家手持火把在户前、村头、寨道、广场或堤坝上集会，举行盛大的火把晚会，饮酒、唱歌、跳舞、摔跤、斗牛、赛马、鼓乐，一片欢腾。村头场地的巨型火炬，光照远近，是民众生活繁荣富裕、蒸蒸日上的象征。[①]苗族也有此种活动。

7–1　火把节乐舞　《走婚的人们》

7–2　火把节欢歌　《滇南夷情汇集》

注释① 张仁善：《中国古代民间娱乐》，商务印书馆国际有限公司，1996 年。

玩火把不限于上述民族。布依族儿童把一束冬青树叶插在稻草中，点燃后，举着往村外跑，火光成龙，当火烧着冬青树叶时，会发出噼噼啪啪的声响，作为一种儿戏玩耍。

甘肃东乡族也有耍火把的传统，它是在元宵之夜举行。天一黑，村村寨寨的青少年就燃起麦草扎成的火把，满山遍野奔跑，组成长龙，旋转飞舞，蔚为壮观，老弱妇女站在村头，饶有兴致地观赏。

二 爆 竹

爆竹，又名"爆仗""爆竿""炮仗""鞭炮""炮张"，实际包括三类：炮仗、鞭炮和烟花。

炮 仗

炮仗又称"爆竹"，起源于"庭燎"，当时以火烧竹，由于竹腔爆炸，能发出"噼啪"之声，用以驱鬼神，故名"爆竹"。《荆楚岁时记》："正月一日，是三元之日也，谓之端月。鸡鸣而起。先于庭前爆竹，以辟山臊恶鬼。"在唐代又称为"爆竿"。清代翟灏《通俗编》："按古皆以真竹着火爆之，故唐人诗亦称爆竿。"随着火药的发明，人们把火药装入竹筒内，点燃后能发生巨大声响。北宋时已出现了"爆竹"，内贮火药，外以纸包制，接以药线，可发生爆炸。《东京梦华录》引顾张思《土风录》："纸裹硫黄谓之爆仗，除夕岁朝放之。"

7-3 爆竹响 《文物图注》

7-4 放爆竹 《岁朝图》

7-5 过新年放鞭炮 山东潍坊年画

这种爆竹响声如雷如炮，故名"炮仗"。

每逢除夕前夕，人们准备丰富的年货，其中必购鞭炮，在除夕之夜、正月十五等都要大放炮仗。炮仗种类甚多，有单响、双响、"吱花"炮、小鞭炮、炮打灯（二踢脚）等，人们把其作为新年大吉的象征。

鞭 炮

鞭炮，是指成串编连在一起的爆竹，故称"鞭炮"，又称"百子炮仗"。南宋周密《武林旧事》："内藏药线，一燕连百余不绝。"清代李光庭《乡言解颐》载《爆竹》诗曰："何物能驱疫，其方用火攻。名犹沿爆竹，象乃肖裁筒。惊破山臊胆，旁参郁垒功。儿童休掩耳，茅塞一声通。"由于鞭炮有不同的响声，多以鸣响数量划分，如"百子响""三百响""千响炮"。北京称"挂鞭"，因放鞭炮时必须以木杆、竹杆挑起，或者挂在树上鸣放。有的地方在树上挂许多鞭炮，供鸣响驱邪，可知此俗仍保留着爆竹的古老功能。

在放鞭炮的同时，还有一种放花，花也为炮仗状，但火药多，置于巨石上，点燃后冒出火焰，光辉灿烂。有些富贵人家，以放爆竹多和花样新相攀比，《点石斋画报》中的"大放爆竹"就是一个最好的例证。爆竹本起源于驱鬼巫术，后来演变成节日娱乐，进而又成为"岁岁平安"的象征。但是，由于放爆竹影响环境及人身健康和安全，目前已有所限制。

烟　花

爆竹是一种有声响的烟火玩具，烟花则是指不带声响的烟火，是指燃烧剂燃烧时所发出的烟和火的总称。烟花是由爆竹发展来的，但是必须以有火药为前提，始于隋唐时期，盛行于宋代。周密《武林旧事》："宫漏既深，始宣放烟火百余架，于是乐声四起，烛影纵横，而驾始还矣。"明代时烟火有了更大的发展。在《金瓶梅词话》中描写西门庆家放烟火的情景是："一丈五高花桩，四周下山棚热闹。最高处一只仙鹤，口里衔着一封丹书，乃是一枝起火。起去萃山律一道寒光，直钻透斗牛边。然后正当中一个西瓜炮迸开四下里人物皆着，膺剥剥万个轰雷皆燎彻。彩莲舫，赛月明，一个赶一个，

7-6　燃鞭炮　《点石斋画报》

7-7　放烟花爆竹　杨柳青年画

7-8　爆竹生花　《吴友如画宝》

犹如金灯冲散碧天星；紫葡萄，万架千株，好似
骊珠倒挂水晶帘箔。霸王鞭，到处响嘹；地老鼠，
串绕人衣。琼盏玉台，端的旋转得好看；银蛾金
弹，施逞巧妙难移。八仙捧寿，名显中通；七圣
降妖，通身是火。黄烟儿，绿烟儿，氤氲笼罩万
堆霞；紧吐莲，慢吐莲，灿烂争开十段锦。一丈
菊与烟兰相对，火梨花共落地桃争春。楼台殿阁，
顷刻不见巍峨之势；村坊社鼓，仿佛难闻欢闹之
声。货郎担儿上下光焰齐明；鲍老车儿，首尾进
得粉碎。五鬼闹判，焦头烂额见狰狞；十面埋伏，
马到人驰无胜负。总然费却万般心，只落得火灭
烟消成煨烬。"② 当时是把烟火挂在耸高的木架
上进行燃放。清代烟花十分普及，有低空烟花、
高空烟花、升高烟花、地面烟花、礼花等等。

7-9 放烟花 《金瓶梅》

近代节日期间，儿童们喜欢放的花炮烟火，
也是由此发展而来的。

7-10 燃烟花 《明宪宗元宵行乐图》

注释② 张仁善：《中国古代民间娱乐》，商务印书馆国际有限公司，1996 年。

7–11　大放爆竹　《点石斋画报》

7–12　卖花灯　《点石斋画报》

三　灯　戏

灯戏有儿灯和成年灯戏之分。

儿　灯

儿灯，又名"孩儿灯"，是儿童们玩耍的纸灯，主要有植物、动物和人物等各式造型的灯，供儿童在节日或喜庆之时玩耍。

娃娃灯　是以两侧为儿童形象的纸架扎制而成的纸灯笼，上有提手，下有灯穗，中间点蜡烛，是儿童们最喜欢的灯玩具。

鱼　灯　鱼灯有各种形式，如金鱼、鲤鱼、草鱼等多种，这种灯一般安有木棍，便于儿童们玩耍时抓握高举，有些灯上还带有彩色绳索，供儿

7–13　汉代舞龙灯画像石　汉代画像石

7–14　麒麟灯、鱼灯　《古代灯具》

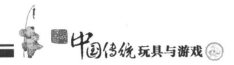

童们提拽。鱼灯不仅美观有趣，还带有"吉庆有余"的寓意，因此，鱼灯玩具是十分盛行的。

　　羊　灯　羊灯先以竹篾扎制成一只羊的形状，外糊白纸，上面贴有许多小纸条，象征羊毛。在羊灯下即四蹄处安有四个轳辘，在羊头处安一木棍，可以拖拉，使其在地上滚动，羊身内置有燃烧的蜡烛。

　　兔　灯　兔灯是以竹篾扎制成兔形，外用纸糊之，下安四轮，由儿童以木棍支撑或提吊玩耍。

　　鸟　灯　也有把灯笼扎制成鸟形，称为鸟灯，与鱼灯、龟灯并用。

　　圆形灯　该灯的灯架为圆形或球形状，多用红色纸糊制而成，上下均有方形灯口，内装一灯芯，下为灯座，上有一钉，以便插挂蜡烛，上有把手，可供人们提拿，有些圆形灯可折叠为半圆形，有的灯上绘有各种动物、山水等吉祥图案。

7-15　清代刺绣百子戏灯　《东南文化》

7-16　童戏鱼灯　《清史图典》

筒形灯　制作方法如上，但灯架为筒形状，上下一样比例，其灯上多书写有吉祥语、祝福语和丰富多彩的谜语。

走马灯　《燕京岁时记》："走马灯者，剪纸为轮，以烛嘘之，则车驰马骤，团团不休。烛灭则顿止矣。其物虽微，颇能具成败兴衰之理，上下千古，二十四史中无非一走马灯也。"该灯多为方形状，四面都绘有人物故事，蜡烛是固定的，但是纸灯架是安在一个可以转动的木轮上，当灯亮起来后，木轮即可转动，这是一种观赏性的儿灯。

莲花灯　这是农历七月十五中元节时儿童玩的灯具，用软性彩纸扎成。《燕京岁时记》："市人之巧者，又以各色彩纸制成莲花、莲叶、花篮、鹤鹭之形，谓之莲花灯。"灯内有蜡烛，外有穗。晚上小孩子们在街上斗灯，唱道："莲花灯、莲花灯，今儿个点了明儿个扔。"

7-17　群童戏灯　《启蒙画报》

7-18　走马灯　《启蒙画报》

7-19　清代宫灯　《紫禁城》

7-20　凤凰灯　杨柳青年画

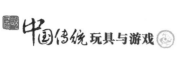

7-21 正月十五逛花灯 杨柳青年画

7-22 荷叶灯 《北京风俗图谱》

荷叶灯 荷叶灯也是中元节晚上儿童们玩的灯。它是摘取一个带柄的荷叶，把蜡烛插在荷叶中心。《帝京岁时纪胜》："都中小儿亦于是夕执长柄荷叶，燃烛于内，青光荧荧，如燐火然。"

蒿子灯 蒿子灯是把香烛拴绑在蒿子杆上。《帝京岁时纪胜》："又以青蒿缚香烬数百，燃为星星灯。"这也是七月十五中元节晚上玩耍的儿灯。

西瓜灯 西瓜灯是把西瓜切为两半，挖食瓜瓤后，把蜡烛插在西瓜内，将其点燃，有些西瓜

7-23 瑞兽灯 《东南文化》

7-24 挂红灯 《民俗》

7-25　太平春灯会　杨柳青年画

灯外面还进行雕刻。《帝京岁时纪胜》："镂瓜皮，掏莲蓬，俱可为灯，各具一质。结伴呼群，遨游于天街经坛灯月之下，名斗灯会，更尽乃归。"[3]

　　水　灯　水灯是一种水上点燃的灯，原来是七月十五纪念祖先的，是安慰亡者用的照路灯，后来演变为水灯游戏。

　　此外，还有各种彩灯。

灯　节

　　中国历来以正月十五元宵节为灯节，另外在中元节、下元节时也有灯会。元宵闹灯的起源，有几种传说：

　　第一说，汉武帝时东方朔为让宫女回家与家人团圆，称正月十六火神君奉玉帝旨意要火烧长安城，汉武帝问怎么解救，东方朔说可于前夜做汤圆供奉火神，让宫女回家团聚和挂红灯避火灾。从此有元宵节吃汤圆和挂灯习俗。

　　第二说，古时的一只天鹅降落人间，被猎人射伤，玉帝欲替天鹅报仇，要派天兵下凡，放火烧死人畜，一仙人暗中告知百姓，让百姓挂灯燃炮，伪装着火，瞒过玉帝，免除灾难。

　　第三说，天上有位状元神下凡，也喜欢玩民间孩童们打灯火的游戏，将黑夜照成白昼，于是就有了元宵灯火习俗。

注释③　高丰，孙建君：《中国灯具简史》，北京工艺美术出版社，1997年。

第四说，来自佛教的"燃灯敬佛"说。高承《事物纪原》："西域十二月三十日，是此方正月望，谓之大神变日，汉明帝令烧灯，表佛法大明也。"《新唐书·严挺之传》："先天二年（713年）正月望夜，胡人婆陁请然百千灯，因驰门禁，……帝御延喜、安福门纵观，昼夜不息，阅月未止。"由此可知，元宵张灯源于西域燃灯敬佛的习俗，至迟在东汉已传入中国，唐宋以后，灯火愈张愈盛，花样愈来愈多。

元宵闹灯时间原来只限于正月十五之夜，后又增有十三、十四、十六、十七、十八数夜。有的地方多至十夜，即自十一夜张灯，到二十二夜落灯。灯节的活动，大体有三个内容：

一是制灯。灯架多用木、藤、麦秸、兽角或金属材料制成，上以纸、绢、帛等裱糊，绘上图案，或加贴剪纸图画，千姿百态，鲜艳动人。周密《武林旧事》对灯的种类记载尤详，有珠子灯、无骨灯、羊皮灯、罗帛灯、百花灯、菩提叶灯、五色蜡纸灯等等。北京的花灯、清朝宫廷的宫灯都是很精美的。

二是张灯结彩。城乡居民都喜欢挂灯，既供自家欣赏，也可供邻里观看，彼

7-26　舞龙赛灯　《点石斋画报》

7-27　赛灯盛会　《点石斋画报》

此争奇斗艳，进行比赛。《金瓶梅词话》："银蛾斗彩，雪柳争辉。双双随绣带香球，缕缕拂华幡翠幰。……村里社鼓，队共喧阗，百戏货郎，庄齐斗巧。转灯儿一来一往，吊灯儿或仰或垂。琉璃瓶映美女奇花，云母障并瀛洲阆苑……"。《延庆县志》记载，延庆一带，一具黄河九曲灯由三百六十盏小灯组成，一具混元一气灯，竟多达五百盏小灯。

三是观灯。《儒林外史》中描述江南民众观灯："其余各庙，社火扮会，锣鼓喧天，人家士女，都出来看灯踏月，真乃金吾不禁，闹了半夜。"《帝京景物略》对北京灯会也做了生动描述。其中不仅观灯，还看舞龙灯、虾灯、狮灯、车灯、鱼船灯、红灯笼等等。

河　灯

放河灯是一种迷信活动。相传旧时农历七月十五是祭祀祖先之日，家家举行祭祀，寺院则用河灯以渡幽冥孤独之魂。放河灯始于南宋，吴自牧在《梦粱录》

7-28　放河灯　《水浒全传》

中有七月十五"放江灯万盏"的记载。久而久之，放河灯便成为民间广为流传的一种季节性娱乐活动了。《燕京岁时记》载："至中元日例有盂兰会，扮演秧歌、狮子诸杂技。晚间沿河燃灯，谓之放河灯"。届时，各种各样的河灯相继上市，大多数是用彩纸做莲花瓣攒成的莲花灯，千万朵莲花灯在河里放流，随波而行。北京民间还用茄子、南瓜做灯。还有一种荷叶灯，取带梗的荷叶，将蜡烛点燃其中，别有一番情趣。儿童们举着这种荷叶灯在街巷或沿着河边跑来跑去，玩完后将荷叶灯放在水里，荷叶灯随波上下，如星光点点。宫廷里也常常在紫禁城内的御河里放灯。《养正书屋全集》中有一首清宣宗写的《中元河灯》诗："万盏莲灯水面浮，中元佳夕荡轻舟。繁星朗月光同映，点缀前汀一段秋。"依山傍海的山东威海一带在中元节则放海灯。海灯大多以一块六寸见方的木板，四周钻四个孔各插一竹签，外面糊上彩色纸筒，中间放上一支蜡烛而成。入夜，各庙宇社团的乐队乘坐大船，鼓乐齐鸣地向海湾中心驶去，边驶边把点燃的一盏盏海灯放入海面，不一会儿，海面便满是红红绿绿的灯火。④

注释④　郭泮溪：《中国民间游戏与竞技》，上海三联书店，1996年。

第八章·水戏与冰戏

　　水域类游戏是指在特殊环境——水域范围内所进行的各种游戏。可分为三大类：第一种是春暖花开的季节在水域上的游戏，如游泳、划船、龙舟赛会等等；第二种是冬季降雪以后进行的各种雪戏，如打雪仗、堆雪人、滑雪、拉爬犁等等；第三种是冰戏，如溜冰、冰床、冰球和打滑达等活动。

一 水 戏

　　水戏类玩具和游戏，是指在水中的活动及其嬉水游乐方式，主要有抓鱼、游泳、划船、龙舟赛会等等。这些游戏起源于人类同水域的斗争，其中的游泳、划船本身就是征服水域的手段，以谋取水域的生活乐趣，捕鱼以后才把钓鱼等发展为消遣娱乐性活动，并且又出现了各种各样的水域游戏。

❀ 游 泳

　　游泳有与人类同样悠久的历史，它是人类谋生迁徙的手段。商周以后在文献中已出现了游泳的记载，如《诗经》："就其深矣，方之舟之，就其浅矣，泳之游之。"从文献上看，春秋时期就已有潜水游戏。《列子》："孔子观于吕梁，悬水三十仞，流沫三十里，鼋鼍鱼鳖之所不能游也，见一丈夫游之……""白公问曰：'若以石投水，何如？'孔子曰：'吴之善没者能取之'。"在故宫博物院收藏的战国宴乐渔猎攻战壶上就有人在漫漫水域中游泳的生动形象。游泳的方式是依靠手和足的协同动作，《淮南子》："游者以足蹶（打水），以手㧉（划术）。"在晋代已有长途游泳，《晋书·周处传》："（周处）因投水搏蛟，……行数十里，……经三日三夜，……处果杀蛟而反，……。"

在隋唐时期的敦煌壁画和明清时期的有关版画中，也有不少游泳的生动形象。

　　在我国少数民族地区也流行游泳活动。笔者到海南黎族地区考察时，看到该族男女都习于水性，经常在江河中游泳、嬉戏，儿童更是以游水为乐。每当洪水泛滥时，黎族男子敢于

8-1　唐代敦煌壁画游泳图　《中国古代体育文物图集》

同水灾搏斗，他们大都利用一定的浮具，如木杆、竹筒、葫芦。其中的葫芦为大圆葫芦，顶部开口，游泳前，脱下衣服，装入葫芦内，然后下水抱着葫芦游过去，抵达彼岸后，又取出衣服穿上，再背起葫芦继续前进。这种葫芦外边多编有竹蔑，其目的一是起保护作用，二是游水时便于用手把握。

8-2　唐代壁画上的游泳　《中国古代体育文物图集》

云南还有一种洗脚大会，是由妇女发起的，据说可以祛病禳灾，实际也是一种沐浴活动。

🏵 水百戏

水上百戏是指在水面上进行的百戏活动。远在三国时期已有水转木偶戏，隋代有水筛表演，唐代则出现了船上百戏，宋代水上百戏又有了新的发展。《东京梦华录》："又有两画船，上立秋千，船尾百戏人上竿，左右军院虞候监教，鼓笛相和。又一人上蹴秋千，将平架，筋斗掷身入水，谓之水秋千。"当时还有水傀儡戏、水上烟火、龙舟赛会、踏混木等。《宋史·礼志》记载皇帝亲自参加游泳比赛，观看水上百戏，掷银瓯于浪间，令人泅波取之。在水上还可以玩耍动物。周密《癸

8-3　唐代壁画中儿童戏水
《敦煌壁画线描图集》

8-4　洗脚大会　《点石斋画报》

8-5 清代戏水娱乐 《台湾传统版画源流特展》

辛杂识》："呈水嬉者，以髹漆大斛满贮水，以小铜锣为节，凡龟、鳖、鳅、鱼皆以名呼之，即浮水面，戴戏具而舞。舞罢既沉，别复呼其他，次第呈伎焉。"

弄 潮

弄潮为古代海上游戏，流行于杭州，在唐代已有记录。如唐代李益《江南词》："嫁得瞿塘贾，朝朝误妾期。早知潮有信，嫁与弄潮儿。"宋代更加流行，每年农历八月十八钱塘江口来潮时，人们不仅祭潮神，还有观潮之举，善水者利用汹涌的水面，执旗泅于水上，舞以大彩旗、小凉伞，在竿上系以彩缎，称"弄潮之戏"，游水者被称为"弄潮儿"。周密《武林旧事》："吴儿善泅者数百，皆被发文身，手持十幅大彩旗，争先鼓勇，溯迎而上，出没于鲸波万仞中。"《都城纪胜》："惟浙江自孟秋至中秋间，则有弄潮者，持旗执竿，狎戏波涛中，甚为奇观，天下独此有之。"还有一幅清代绘画《观潮图》，潮水中有"弄潮儿"在海浪中表演，就是观潮的真实写照。

划 船

人类最早的浮水工具，都是天然的植物或其果实，如葫芦、南瓜、羊皮筏、

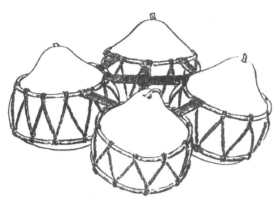

8-6　渡水葫芦船　《山东民俗》

牛皮船，以及臼、柜子等家具。后来这些浮具被儿童或成年人搬入游戏领域，其中葫芦最为流行《物原》："燧人以匏济水。"这说明远古时代已用葫芦过河。《鹖冠子》："中河失船，一壶千金。贵贱无常，时使物然。"注引陆佃曰："壶，瓠也，佩之可以济河，南人谓之腰舟。"这种水上交通工具，在汉族、黎族、高山族、彝族地区都有使用，特别

是儿童初学泅水时，往往在其腰间拴一两个葫芦。山东汉族打捞海参时也必带几个大葫芦。[1]后来又出现了独木舟、筏子、树皮船，另外还有一种羊皮船。《武经总要》上记有两种皮船：一是浮囊，"以浑脱羊皮吹气令满，系其空，束于腋下，人浮以渡。"另一种是皮船，"皮船者，以生牛马皮，以竹木缘之，如箱形，火干之，浮于水，一皮船可乘一人……以竿系木助之。"藏族有较大的牛皮船，个别地区以牛皮船为跳舞的道具。

成年人善于划大船，小儿则有自己的水上之戏，如在水盆内玩纸船、吹泡泡、丢乞巧针、玩水枪等等。

※ 划龙舟

划龙舟，又名"扒龙舟""龙舟节""龙舟竞渡"等，这是由龙舟、竞渡及有关活动所组成的民间水上游戏。

8-7　明代古墨百子图戏水斗草　《中国吉祥美术》

注释 [1]　李露露：《海南黎族古老的水上交通工具》，《中国历史博物馆馆刊》1994 年第 1 期。

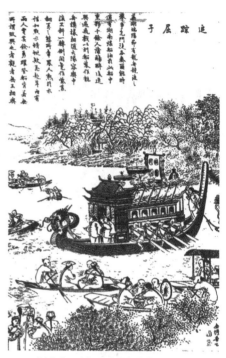

8-8　划船烛龙戏水　《点石斋画报》　　　　　8-9　划龙舟　《每日古事画报》

关于龙舟的起源，一种说法是图腾祭祀，另一种说法是祈求风调雨顺，此种游戏由来久远，还有纪念屈原、曹娥、马援等历史人物的传说。《穆天子传》："天子乘鸟舟龙浮于大沼。"郭璞注："沼池龙下有舟宇，舟皆以龙鸟为形制，今吴之青雀舫此其遗制者。"在浙江出土的春秋时代铜钺上以及后来各地出土的铜鼓上均有羽人划龙舟的形象，这些都是龙舟最古老的形象。《西京赋》还记载有龙舟竞渡的内容："于是命舟牧，为水嬉。浮鹢首，翳云芝。"李善注："水嬉则舫龙舟。"广西出土的汉代铜鼓上也有划龙舟的形象。

划龙舟主要在农历五月五端午节，个别地区也有在二月二、三月三、清明节、四月八、六月六、中秋节举行的。这种游戏主要流行于湖南、湖北、广东、广西、福建、浙江、江苏、安徽、江西、四川、云南、贵州、海南、香港、台湾等省区。

龙舟除船体外，还装饰有龙头、龙尾，插以旗帜，在龙舟上还设有神龛、锣、鼓架。龙舟的种类很多，最简易的是独木舟，讲究一点的是龙舟造型。划龙舟前，必先组织和训练水手，并赴庙里祭龙王，或者祭屈原，拜谒妈祖，然后进行竞渡活动。其中又有若干形式：一种是龙舟游乡，即划着龙舟去附近村庄游玩，访亲串友，进行"斗龙"；另一种是龙舟集会，其间可自由比赛，《合川县志》："其以两舟并行，迎桡双飞，以角胜负，谓之抢江。"还有一种是进行有组织的竞渡

8-10 闹龙舟 杨柳青年画

比赛，有比赛速度者，有比赛技巧者，也有抢鸭子者，最后根据名次给予奖励。

划龙舟的最初目的是祈求农业丰收，驱除瘟疫，具有浓厚的宗教色彩。近代以来宗教色彩日趋淡化，逐渐发展成为健康的娱乐和体育性活动，[②]并深受人们所喜爱，成为节日里重要的活动项目。

在南方还有一种旱龙舟。《南昌府志》："五月五日为旱龙舟，令数十人舁之，传葩代鼓，填溢通衢，士女施钱祈福，竞以爆竹辟除不祥。"《琼州府志》："城

8-11 龙舟竞渡 《聊斋图说》

注释② 李露露：《中国民间传统节日》，江西美术出版社，1992年。

中人缚竹为船，用五色纸为饰，鸣钲鼓沿街作竞渡状，名曰旱船。"这是一种与龙舟结合起来的地方性旱船游戏，但与北方旱船戏大不相同。

二 雪 戏

　　儿童是天真的，也是聪明的，他们有观察大自然的慧眼，常常把自然环境作为自己的嬉戏对象。由于环境的差异，各地的儿戏也迥然不同。如果说热带儿童更精通于水戏的话，那么寒冷地区的儿童则是雪戏的能手。

❀ 打雪仗

　　打雪仗是极流行的儿戏，主要有两种形式。一种是随意性的，下雪时几个孩子在院子或大街上玩雪，一旦某个顽皮的孩子抓雪团打人，其他孩子们就会蜂拥而上，以雪团回击，你来我往，雪团纷飞，打累之时，也是休战之时，这种游戏事先没有准备，多半是男童或女童们的集体游戏。另一种是有组织的打雪仗，通

8-12　瑞雪堆狮　杨柳青年画

8-13　堆雪佛像　《吴友如画宝》

常是在大雪后进行的。由年长的孩子提议，然后邀集一二十个孩子，战场多选择在空旷的田野或山坡上。参加者可分为两组，各据一方，相距三四十米。事先可做些准备，如用雪筑成战壕，搬运积雪搓成雪球。做好准备之后，孩子头一声令下，或者吹口哨为号，双方就此拉开了战幕，雪团似雨点般倾泻而来，有时令人不敢抬头。先是在分界线两侧对攻，如果一方抵御不住，另一方则冲击向前，以击溃对方为胜。休息片刻后，又可继续进行战斗。打雪仗游戏的特点：一是耗体力；二是具有耐力和惊险性的角斗，是一种很有益的健身锻炼。③

❀ 堆雪人

堆雪人通常是在降大雪以后，以积雪为宜。因刚落的雪花较松软，粘合力差，不便堆塑，所以下雪当天一般不堆雪人。积雪较多且实沉，粘合力较强，是堆雪人的最佳时机。堆雪人一般是集体进行的，由一个年龄大的孩子挑头，带领若干孩童一起堆雪人。一般有三个步骤：首先要打好基础，一要牢固，二要确定大小，接着一层层堆积起来，每堆一层拍打几下，最后堆成一个较高的雪堆；第二步是进行雕琢，用木刀和竹片、拍子、铁锹等物一边雕琢，一边拍实，具体形象不限于雪人，

注释③　戈春源：《吴地娱乐文化》，中央编译出版社，1996 年。

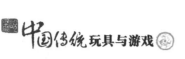

8-14 抟雪成佛 杨柳青年画

还有雪狮、神像、佛像等等；第三步是加工装饰，即为雪人和雪狮等点缀耳、目、口、鼻等五官形象，使雪雕作品锦上添花。

滑雪板

滑雪板，古代又称"木马"。《隋书·北狄传》："地多积雪，惧陷坑井，骑木而行。"《新唐书·回鹘传》："拔野古……产良马，……俗嗜猎射，少耕获，乘木逐鹿冰上。"《蒙古秘史》称乃蛮部（哈萨克族先人）"庐帐而居，随水草畜牧，颇知田作，遇雪则跨木马逐猎。"这些文献记载说明，滑雪板最早是一种狩猎工具，便于追逐野兽。其历史是相当古老的，是我国北方或东北少数民族的发明，但是有关滑雪板的使用方法，最早不是人乘其上，更不是跨"木马"而行，而是穿在脚上的一种交通用具。

上述滑雪板，至今在我国东北地区还在使用。成年人的活动，必然为儿童所模仿，后者正是在这种模仿中学会了各种知识和技能，滑雪也是如此，儿童常在大人的关照下，穿着小型滑雪板在雪地上游戏玩耍。

8-15 滑雪板 锡长禧绘

在北方地区又出现了人工造雪的滑雪场，每逢节假日，大人、小孩纷纷结伴
到此滑雪游乐。

三　冰　戏

水域类游戏，在春夏秋三季是以水为戏，在冬季下雪后以雪为戏，隆冬季节
水域结冰，人们又以冰为戏，从而形成北方特有的冰戏。主要有滑冰、跑冰鞋、
打滑达、冰床、冰球等等。

❀ 打滑达

打滑达，又名"打滑溜"，这种游戏是在雪后冰冻之时进行的。儿童们选择
一块较陡的小山坡，凭借冰雪的滑力，从山顶沿坡而下，滑速快，动作优美，娱
乐性强，深受孩子们的喜爱。徐珂《清稗类钞》："自其颠挺之而下，以到地不倒

8-16　打滑达　《点石斋画报》

8-17　冰上游戏　《每日古事画报》

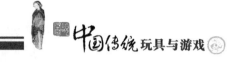

者为胜。"不过，在打滑达时也有各种各样的姿势和技巧表演，如坐着滑或立滑，或蹲式或卧式，千姿百态，惊险异常。后来人们又以人工造的冰山进行打滑达游戏。在《点石斋画报》的"打滑达"一图中就绘有十余人正在进行这种游戏的生动场面。此种游戏在北方依然存在，但仅限于冬季。不过，现在全国各地都有不少游乐场所，用水泥、大理石砌成，并带有很陡的斜坡式假山，供孩子们打滑达游玩，可见打滑达游戏已不受季节的限制。

滑 冰

滑冰，又名"跑冰"。最早的滑冰是没有专门的冰鞋的，仅仅是在鞋底上绑有兽皮，以增加滑力，后来才开始穿着带铁条或铁齿的冰鞋。潘荣陛《帝京岁时纪胜》："冰上滑擦者，所著之履皆有铁齿，流行冰上，如星驰电掣，争先夺标取胜，名曰溜冰。"在民间滑冰以速滑为主，少有花样，宫廷滑冰则以花样为主，

8-18 冰嬉图 《清史图典》

8-19 清宫冰戏图 《紫禁城》

有单人滑、双人滑、倒立，也有耍刀、弄幡、托鹰、金鸡独立、双飞舞、哪吒探海、凤凰展翅等花样。每种动作都有专门的名称，是古代百戏在冰上的扩大。

应该指出，满族也习于冰戏，入关以后，清朝统治者把冰戏列入《大清会典》，视为重要典制之一。乾隆皇帝说："冰戏为国制所重。"因为冰戏是满族的传统文化，同时，冰戏具有体育性质，可练兵习武，有助于富国强兵。清朝政府每年从冬至开始，在太液池（北京三海）集中八旗及内务府上的官兵，进行冰戏训练，到农历腊八日举行冰戏表演。

乾隆时期的宫廷画家张为邦等所绘的《冰嬉图》就描述了清代的冰戏活动，场面生动热烈，壮观惊险，乾隆坐在冰床上观赏表演，主要内容有速滑，即跑冰，其次是技巧，此外还有滑射表演。

8-20 清宫御用冰床 《紫禁城》

冰　床

除滑冰外，也利用冰床在冰上游戏。《燕京岁时记》引《倚晴阁杂抄》：“明时积水潭，常有好事者联十余床。”一般冰床较小，在一方形木板下，安有两条顺向的带，其上镶有铁条，相当于车轮。具体玩法较多：一种是前有人牵引，冰床上可坐一人或多人；另一种是一人坐在冰床上，双手各握一冰扦子，如果坐者用冰扦子斜放在两腿之间，冰扦子向后拄动时，冰床就会迅速向前滑动。清朝皇帝在冬季也常坐冰床嬉乐，他们所用的冰床是很讲究的。乾隆《冰嬉赋》曰：“乃其冰床驻于琉璃之界，豹尾扈于渼沴之隈，千官俨立于悬圃，万队伫待乎瑶阶。历天之旗，影揹朵殿，昭云之盖，光熻趯台。”这些冰床大如船，其上可乘数人。

冰　球

清朝每年冬至以后，选择吉日在西苑太液池（三海）举行大规模冰戏，皇帝及百官均前往观看士兵们的冰戏表演。清代绘制的《冰嬉图》中就描绘了冰上射箭和冰球的生动场面。

冰球，又名“掷球”“抢球”。参加者穿冰鞋，分为两队，一队穿红衣，另一队穿黄衣，每队十人，各有统领，分伍而立，中间站有裁判。先由裁判宣布开场，并亲自发球，两队争球。《百戏竹枝词》记载：“俗名踢球，置二铁丸，更相踏蹴，以能互击为胜，无赖戏也，恒于冬月冰上逐之。”《帝京岁时纪胜》记载：“金海冰上作蹙鞠之戏，每队数十人，各有统领，分位而立，以革为球，掷于空中，

8-21　冰上行槎　《北京风俗图谱》

8-22 冰上拉爬犁 《皇清职贡图》

8-23 冰球 《少数民族玩具和游戏》

8-24 冰上行槎 《北京风俗图谱》

俟其将坠，群起而争之，以得者为胜。或此队之人将得，则彼队之人中蹴之令远。欢腾驰逐，以便捷勇敢为能。将士用以习武。"

除冰球外，还有一种转龙射球，又称"革戏""圆鞠"。由一二百人排成两列，中间有裁判，冰场一侧有旌门，上悬一球，称"天球"，下置一球，为"地球"，作为射击的目标。当裁判员一声令下，转队队员即滑冰而至，以弓箭射之，一射天球，二射地球。最后以等级决定胜负，其中三箭皆中者为一等，三箭二中者为二等，三箭一中者为三等，分别受赏，奖以银两为荣。

冰戏本来是民间的娱乐活动，在满族当中十分流行。清朝为了鼓励尚武精神，也把冰戏作为军事训练的内容之一，奉为"国俗"。清朝皇帝还要亲自观看八旗子弟和"技勇冰鞋营"的表演。《清朝文献通考》："冰戏，每岁十月咨取八旗及前锋统领、护军统领等处，每旗照定数各挑选善走冰者二百名，内务府预备冰鞋、行头、弓箭、球架等项，至冬至后驾幸瀛台等处，陈设冰嬉及较射天球等伎。"当然伴随而来的是冰上杂技技巧项目的增加，因此，近代冰球是古代冰球运动的延续。

此外，玩冰灯在北方也是比较古老的娱乐之一。清代嘉庆年间，东北哈尔滨元宵节前后，张灯五夜，村落妇女纷纷前来看冰灯观剧，车声彻夜不断，有的冰灯中燃双炬，看上去像水晶一般。冰灯的特点是看上去热，摸上去却冷，晶莹透明，风吹不动。明代唐顺之的《元夕咏冰灯》诗有极美妙的描述：

正怜火树斗春妍，忽见清辉映夜阑。

出海蛟珠犹带水，满堂罗袖欲生寒。

烛花不碍空中影，晕气疑从月里看。

为语东风暂相借，来宵还得尽余欢。④

注释④　张仁善：《中国古代民间娱乐》，商务印书馆国际有限公司，1996 年。

第九章·棋牌类

　　棋牌类游戏是在智力游戏的基础上发展起来的，并且是成年人最喜欢玩的游戏之一。可分为两大类：一类是棋，包括六博、双陆、象棋、围棋和儿棋；另一类是牌，它是在古代彩选格的基础上演变来的，有升官图、小谣儿、葫芦问等等，进而又发展为纸牌、骨牌、麻将牌等。

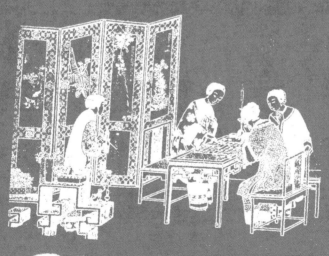

一 六博和双陆

这是两种古棋，在历史上相当流行，现在已经失传。

六 博

六博，又名"陆博""六簿"，是古代博戏之一。远在春秋时期已经盛行，西汉已有两种玩法，魏晋时期六博演变为双陆，六博开始改箸为琼，即骰子。在考古资料中有许多博戏之物，据考证，六博的玩法各个时代也不一样，秦汉时期以杀枭为胜，宋代又有变化。《古博经》："博法，二人对坐，向局，局分十二道，两头当中名为水，用棋十二枚，六白六黑，又用鱼二枚置水中……二人互掷彩行棋，棋行到处即竖之……每牵一鱼获二筹，翻一鱼获三筹。若已牵两鱼而不胜者，名曰被翻双鱼，彼家获六筹为大胜也。"

9-1 汉代投箸之戏 汉代画像石

9-2　汉代博戏图　《考古学报》

9-3　唐代仕女下双陆棋　《中国古代服饰研究》

9-4　对六博　《中国美术至宝》

❀ 双　陆

　　双陆是一种博戏，相传在南北朝时期由天竺传入，可能经敦煌而抵内地，是由"握槊"演变而来的。《魏书·术艺传》："此盖胡戏，近入中国，云胡王有弟一人遇罪，将杀之，弟从狱中为此戏以上之，意言孤则易死也。世宗以后，大盛于时。"到唐代相当盛行，棋盘为长方形，左右各六路，马作椎形，黑白各十五枚。辽代文物中已见双陆棋盘与子。下棋时，两人对博，以骰子进取，白马从右而左，黑马由左而右，先出完为胜。唐代李肇《唐国史补》："子有黄黑各十五，掷采之骰有二。"从宋代至元代，有不少下双陆棋的版画和绘画。

9-5　元代男子下双陆棋　《三才图会》

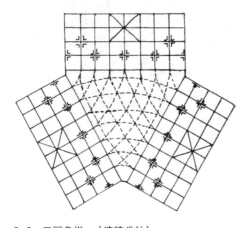

9-6　三国象棋　《清稗类钞》

三国象棋

还有一种早已消失的棋戏，即三国象棋。徐珂《清稗类钞》中记载："桐城光律元布政聪谐家，有三国象戏一器，惟将帅易为魏蜀吴，余号悉同。区以红黑白三色，凡四十八（指魏、蜀、吴三方棋子的总数，即每方各十六枚棋子）。棋局料画成六角三鱼尾形。其界河成三汊。以示人，皆不晓行法。棋后散失，局亦无存。"从中可知，这种"三国象戏"是据魏、蜀、吴三国鼎立争天下的史实，是从南宋后定型的象棋变异而成的。棋中的"将"与"帅"在这里换为"魏、蜀、吴"，其余的棋子依旧为"士""象""马""车""炮""卒"。由于三国象棋为三方，故象棋中的"楚河汉界"被变异成为三汊界河，由于变楚汉双方之争为三方之争，正方形的象棋棋局变为"六角三鱼尾形"的棋局，形象地展现了三国鼎立的阵势。

二　象　棋

象棋战国时已有之。西汉刘向《说苑》记载，雍门子周对孟尝君说："燕则斗象棋而舞郑女。"南北朝庾信《象棋经赋》证明当时已有象棋。隋唐时期已经定型，《续艺经》："昔神农以日月星辰为象，唐相牛僧孺用车、马、将、士、卒加炮，代之为棋矣。"唐代称"象戏行马"。宋代对象棋有较大的改革，变成今天象棋的形制，并流行很广。考古出土的棋子，传世的铜棋子就是当时流传下来的珍贵文物。

象棋必有棋盘，玩法也为两人对局，在各方放十六枚棋子，分将（帅）、士（仕）、象（相）、车、马、炮、卒（兵），各子走法不同。棋盘是由九根直线和十根横线组成，中间划为楚河、汉界，共有九十个据点，双方各占一半，先后交替行棋。以把对方吃光、将死为胜，如果不分胜负则为和局。在《金瓶梅》《吴友如画宝》等书中，都有下象棋的形象。在清代还有以士卒摆成象棋的阵势进行游戏的。象棋也传播到少数民族地区，如在《百苗图》上就有苗族下象棋的形象。

9-8　宋代木制象棋子　《中国古代体育文物图集》

9-7　仕女下象棋　《金瓶梅》

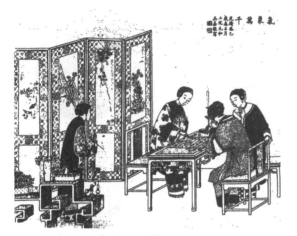

9-9　气象万千　《吴友如画宝》

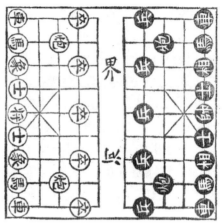

9-10　象棋盘　《启蒙画报》

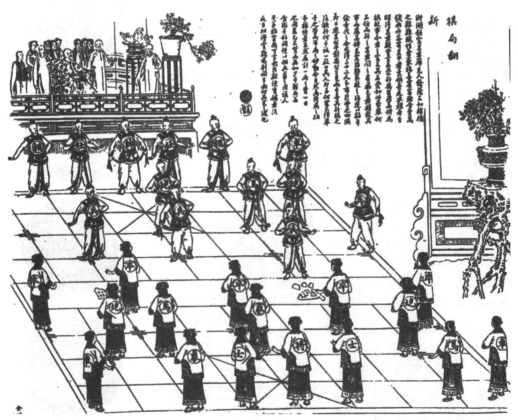

9-11　棋局翻新　《点石斋画报》

三 围 棋

　　围棋，又名"烂柯"，是中国的传统棋类，属于一种古老的棋戏。《世本》："尧造围棋。"《博物志》："或曰舜以子商均愚，故作围棋以教之。"春秋时期围棋已有了一定发展，出现了围棋术语，如《左传》的"举棋不定"，《尹文子》的"攻劫收放"。战国时代已出现了不少围棋名手。汉代围棋手分为几级，邯郸淳《艺经》："围棋之品有九。"河北望都曾出土一件石制棋盘。南北朝时，最好的棋手被称为"棋圣"。隋唐时围棋成为国俗，还举行中日两国棋手比赛。河南安阳出土的白瓷棋盘和石棋盘相比就有很大进步。辽代的围棋子也出土不少。

9–12　儿童下围棋　《故宫文物月刊》

围棋一般为两人对弈，用棋盘和棋子进行。有对子局和让子局两种。对子局是指拿黑子者先行，让子局是指上手白子先行。开局后，双方在棋盘的交叉点轮流下子，一步棋下一子，下定后不可移动位置。棋法复杂，运用做眼、点眼、断、围等方法吃子和抢占空位，制胜双方。每次棋分布局、中盘、收束三个阶段，每段都有重点棋法，终局时，将空位和子数相加计数，以多为胜，或单记空位计胜负。

围棋起源较早。《世本》："尧造围棋，丹朱善之。"可见围棋起源于史前时代。到汉代已普及开来，扬雄《方言》："围棋谓之弈，自关而东齐鲁之间，皆谓之弈。"唐宋时期盛行，之后还出现围棋专著，如宋代徐铉《围棋义例》和张拟《棋经》等。在古代绘画中，下围棋的内容也很多。

9-13　明代合欢多子图下棋戏荷　《中国吉祥美术》

9-14　弈棋　《中国美术全集》

9-15　元代壁画弈棋　《山西民俗》

9-16　清代女子下围棋　《故宫文物月刊》

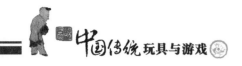

四 彩选格

　　彩选格，又名"升官图""选官图""选仙图"，起始于唐代，为当时人李邰所发明。房千里《骰子选格序》："开成三年（838年）春，予自海上北徙，舟行次洞庭之阳，系船野浦下，遇二三子号进士者，以穴骼双双为戏，更投局上，以数多少为进身职官之差。"王阮亭谓："彩选始唐李邰，宋尹师鲁踵而为之。刘贡父又取西汉官秩为之。取本传所以升黜之语注其下。"到宋代又有发展，在彩选格的基础上，制成选官图。清代《清嘉录》："又以官阶升降为图，亦六骰掷之，取入阁之谶，谓之'升官图'。有无名氏《升官图乐府》云：'一朝官爵一张纸，可行

9-17　玩旋转升官图　《图画日报》

9-18　升官图　《紫禁城》

9-19　卧游湖山图　李露露摄

9-20　水浒图　民间年画

9-21　八仙过海凤凰棋
民间年画

9-22　青云得路小谣儿
《台湾传统版画源流特展》

9-23　葫芦问
《台湾传统版画源流特展》

则行止则止。论才论德更论功，特进超升在不同。只有赃私大干律，再犯三犯局中出。纷纷争欲做忠臣，杨左孙周有几人？当日忠臣不惜命，今日升官有捷径。'"并作按语云："升官图今谓之'百官铎'，相传此图乃明倪鸿宝所造。其实官名虽从时，而图戏则自唐已有。"升官图的形制，是在一米见方的纸上，分六层的方格，各格内书写官名，同一圈中右边的官吏比左边的官吏地位高，里圈的官吏又较外圈的官位高。升官时，按逆时针方向移动，由外向里走，步步升官。清代升官图极为流行，种类很多，有选仙图、选佛图、八仙过海、揽胜图、赴延求寿、众仙桥、骨牌图、象棋图、十二生肖、青云得路、十二花神、百子戏村、大观园游戏、小五义、二十四孝、水浒图、庄稼忙、百子戏春等等。在全国各地还出现了地方性的升官图，如江淮地区为小谣儿，闽广地区为葫芦问、星君图。所谓小谣儿，是在纸上画有人物、器具、动物、植物等四十六种图像的玩法。玩时两人或多人轮流掷骰子，根据骰子点数，数到的图像如在外面，就把铜钱摆在里面的图像上，如在里面，就把铜钱摆在外面的图像上，如此往上移动，以走完最后一个图像为胜。

　　升官图的玩法必须借助于骰子。骰子由骨牙、木制成，正方形六面，分别刻有一至六点，其中以四点为最大，称"德"，六点为"才"，五点为"功"，三点

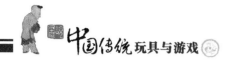

为"良"，二点为"柔"，一点为"脏"。如果掷为"德"，即超迁，遇"才"次之，"功"也晋升，但掷出"脏"则退一步。清代的骰子多用于赌博，玩升官图时改用小陀螺式的捻转儿，其四面分别书有"德""才""功""脏"，并绘有红、绿、金、黑四种颜色。玩时以拇指、食指捻立柱，捻转即快速旋转，停下时侧面为何字，就可决定升降与否，一般是"德"字升两步，"才"字升一步，"功"字不动，"脏"字则退一步。据《骰子选格》记载，唐开元三年（715年）已有文人玩骰子，即"骰子选格"，将唐朝六十八个官职品级排列在一方形纸盘上，中部品位最高，边上品位最低。玩耍时，先丢色子于盘上，根据点数在选格上或进或退，最后看谁先入最高品位，这就是最早的升官图。骰子的玩法很多，最简单的是二人或多人互掷，根据点多少分胜负，一般用一个或两个骰子。骰子为四方形，六面，每面都有数字，由木、骨制成。故宫博物院内藏有清宫的骰子，以象牙制作的居多，有大、中、小三种。玩骰子时，还要备一个盘或碗，比较讲究的还备有各种图表。如唐代的骰子选格，元明时期的"涂红"，清代的"升官图"。《红楼梦》记载贾宝玉过生日，麝月说："拿骰子咱们抢红。"所谓抢红，就是掷骰子，以点数多少分胜负。在清末出版的《启蒙画报》上就有一幅赌场图，其上就有三伙十一人，分别在三个大碗内扔骰子进行赌博。有的还利用转盘赌耍。

9-24　街贩玩骰牌　民间烟画

9-25　妇女玩骰牌　《每日古事画报》

9-26 投骰子 《点石斋画报》

9-27 妙手抢元 《吴友如画宝》

9-28 骰子 《紫禁城》

9-29 元代童戏骰子 《东南文化》

五 牌 戏

牌是重要的玩具之一，有纸牌、麻将牌、骨牌和八卦牌等多种。

纸 牌

　　纸牌，又名"叶子"，起源于唐代。《事物纪原》："唐末有叶子戏，……今按唐李贺州邰撰叶子格。"《咸定录》："唐李邰为贺州刺史，与妓人叶茂莲江行，因撰骰子选，谓之叶子戏。"叶子戏出现以后很快发展起来，五代时还出现了有关书籍。《六赤打叶子》："叶子，如今之纸牌、酒令，郑氏书目有南唐李后主妃周氏编《金叶子格》，此戏今少传。"宋代上自皇帝，下至文人、百姓，都习于叶子戏。明代除玩叶子戏外，还出现了马吊戏，此牌及玩法与叶子戏一样。清代又出现了混江游湖等牌，宫廷里流行水浒人物叶子，里边是白底，中间绘有人物，还分别写有万万贯、千万贯……直到几文钱都有。

9-30　玩纸牌　杨柳青年画

9-31 江苏纸牌 南通年画

9-32 水浒纸牌 《水浒叶子》

9-33 河北纸牌 磁县年画

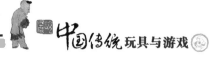

9-34　搓麻将　《北京风俗图谱》

9-35　男子玩麻将　《启蒙画报》

9-36　作叶子戏　《吴友如画宝》

9-37　山西纸牌　《中国民间木刻版画》

各地纸牌因产地、刻印不同，形式也不一样，如山西流行泉纹、人物纸牌，河北纸牌与山西纸牌相近，但人物形象有一定区别，陕西纸牌流行几何图案，江苏纸牌则多为花鸟图案。

纸牌制作简易，携带方便，男女适宜，且玩法较多，对开发智力有益处，因此在城乡都很普及。在《杨柳青年画》中的"王元纸牌"就是清末妇女玩纸牌的生动形象。

9-38 以永今夕 《吴友如画宝》

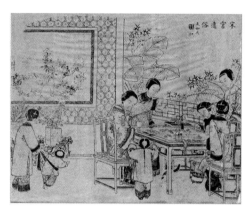

9-39 宋宫遗俗 《吴友如画宝》

麻将牌

麻将，又名"搓麻将""麻雀牌"。唐代为叶子格戏，明代发展为马吊牌，牌分十字、万字等二十四门，上面人物，四人同玩，每人八叶，余置中央，出牌以大压小，以占牌多者为胜。清代有重要改进，发展为现代的麻将牌。由过去的以大压小，改为万、索、筒，进行斗智，讲谋略，比速度。《国闻备乘》："麻雀之风，起自宁波沿海一带，后渐染于各省。近数年来，京师遍地皆是。……肃亲王善耆、贝子载振皆以叉麻雀自豪。"

　　麻将牌分万、索、筒三门，每门从一至九，各四张，另加中、发、白、东、南、西、北各四张，共一百三十六张。后又加花牌，总共一百四十四张牌。玩时四人共玩，每人十三张牌，以先合成四组零一对为胜。每人有若干筹码，有天和、地和、十三幺、七对等玩法。其中有个人玩的，也有多人一起赌博，有些家庭以麻将为教具，教小孩子数学，更多的人则用于娱乐消遣。

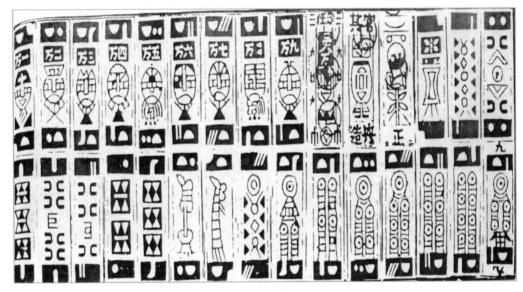

9-40　陕西纸牌　延安年画

六 儿 棋

　　在汉族儿童中，下棋因其特点比较简易，普遍流行。儿棋主要有：

❁ 三子棋

　　三子棋因双方各有棋子三枚而得名。棋子先后布于棋盘上，布子完毕后，每次可在直线上行走一步，可进可退，或横行，首先将三子连成一条直线者为胜。

❁ 憋死牛棋

　　憋死牛棋为两人玩，每人两枚子，一次走一枚子，画圆圈的代表井，斜条直

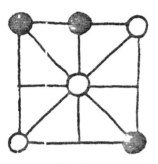

9-41　三子棋　台湾《汉声》

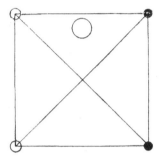

9-42　憋死牛棋　《关东山民间风俗》

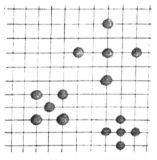

9-43　五子棋　台湾《汉声》

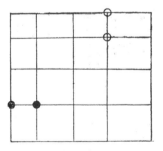

9-44　五道棋　《关东山民间风俗》

边线谁也不能走，先走子的人第一次不准把人憋死。此棋虽十分简单，但要快走，稍不谨慎就会被对方憋死。[1]

五子棋

五子棋为两人对抗赛。每人各执五子，在棋盘上纹秤。当本方的两个子走在同一条线上，咬住对方一子，即可吃掉对方的子，直至一方少于两子时，比赛即告结束。五子担担，又名"五马担担"，分甲、乙两方，双方各备十个子，先下五子，剩余五子在吃掉对方的位置处下。吃子的方法分"夹""担""挑"。夹法即二子夹一子；担法即一子担二子或一子担四子，称"一担二"或"一担四"；挑法即位居四角或边端线的甲方一子可挑乙方在一条线上的四个子，称"一挑四"。走子时边吃边下，吃一子又在原位放上一子，直至将备用的五子下完为止。备用棋子先下完者为胜方，以憋死对方为胜，但谁都不能用"区"字二线交点三角尖端之点上的棋子，走到中间交叉点上将对方憋死。

五道棋

五道，就是五条线的意思。开棋两个人各占一方，先把棋子摆好，每人五枚棋，每次可走棋一步，横走直走都行，但不能越子走。当一方的两枚子走在一条直线上，二子相连，就可以吃掉对方同在一条线上的一枚子，但一条线上有四枚以上子，就不能吃子，最后剩子多者为胜。

老头上山棋

老头上山也是儿童的棋戏，但是场面较大，

注释①　王文宝：《北京民间儿童娱乐》，北京燕山出版社，1990 年。

边走动，边唱童谣。玩前，先在地上画一高梯形图，横画平行线十五到二十条，中间由上至下再画一条直线，顶端上画一横扁圆形，内再画并排三个小圆圈为"酒杯"。梯形下面画三个小方块，再将每个小方块分成六个小方格。

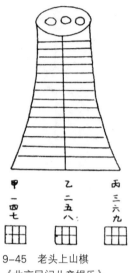

9–45　老头上山棋
《北京民间儿童娱乐》

　　该棋由三个人玩，每人各备一个大子，五个小子。甲占"一四七"数，乙占"二五八"数，丙占"三六九"数。三人各将大子放在梯形底之三点上。三人一齐喊唱："一四七、二五八、三六九"，出示手中暗握之小子数儿，如三数加在一起占"一四七"里的一个数儿，甲便走大子一步，如三数加在一起占"二五八"里的一个数儿，乙便走大子一步，如三数加在一起占"三六九"里的一个数儿，丙便走大子一步。然后不断唱，不断出子。先走到山顶者算赢，并"喝酒"，连赢三次喝完三杯，便可下山。如第二人赶上第一人登上山顶者，则第一个由山顶退三步，等第二个人喝完三杯酒才能再走，第三个赶上第二个，亦如此办理。谁先下到山底，便将手中小子放到自己的小方格中，叫"吃烙饼"。六个方格放满为止，谁先放完谁为第一名，其他依次为第二、三名。[2]

⚘ 九连棋

　　九连棋是两人对抗赛，一人执白子，一人执黑子。布子方法接近围棋，民间活动时，可用小石子、小木棍做子。玩棋时，每人取子十二枚，向棋盘中的各线交叉点布子，每次布子一枚，双方交替布子，三枚子连在一条线上，即连成一线，可以从盘上取掉对方任何一枚子，待盘上所有点都安上子后，由先手开始走动盘上棋子，连成线后还可以吃掉对方的任何一子。

⚘ 诸葛亮点兵棋

　　这种游戏又称"八子棋"，并有一个生动的传说。有一次诸葛亮点将，令关羽出征，张飞争着要去，诸葛亮拿出棋盘，放上八枚棋子，对他说："现在咱俩一黑一白，各要一色。棋子可以横、直、斜走，但不能跳过另一只棋子，每次只能走一步，只要能在成功前把四枚棋子走成一条直线，就让你去攻城。"结果，张飞始终不能取胜。[3] 该棋也是由两人对玩。

注释② 　王文宝：《北京民间儿童娱乐》，北京燕山出版社，1990年。
注释③ 　金宝忱：《关东山民间风俗》，吉林省民俗学会编印，1985年。

转黄河

"转黄河"是河北省的民间游戏，这是一种放大的棋戏，在野外进行。

每年从正月十三起，各村的"黄河会"就开始准备这一游戏活动。事先要选一块宽阔的平地，画地为图，插杆为阵，每根杆高约1米，直径约20厘米，全"黄河阵"共有361根杆。杆顶端安一圆木板，板周围用彩纸围成敞口灯笼，板上放一个陶瓷灯碗，注入香油点燃。"黄河阵"进口处扎一个柏枝牌楼，上挂一写有"春游黄河"的横匾，牌楼两侧楹柱上张贴春联。阵中央竖起一根粗而高的杆子，顶上挂一个三角形的灯笼，象征着姜太公的位子，杆下垂挂着九个彩灯。当地的"转黄河"游戏活动是从正月十四晚开始的，十六是"转黄河'的高潮，全村的男女老少白天黑夜都去转。入夜时分，"黄河阵"的杆灯点亮，烟花齐放，锣鼓喧天，欢声笑语，融成一片欢乐喜庆的气氛。民间传说谁能从阵内转出来，一年之中就可以消灾灭病，同时认为"黄河阵"里转满了的人该年就会大丰收。此外，还有一种跳棋，在汉族地区亦广为流行。

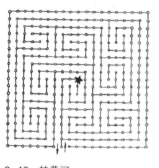

9-46　转黄河
《中国民间游戏》

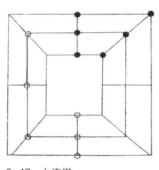

9-47　九连棋
《中国民间游戏与竞技》

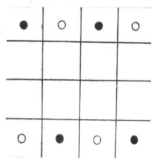

9-48　诸葛亮点兵棋
《关东山民间风俗》

七 少数民族棋戏

在广大民族地区，有许许多多的棋类，试举几例：

蒙古象棋

蒙古象棋，蒙古语称为"沙塔拉"，亦写为"喜塔尔"。《中华全国风俗志》载：

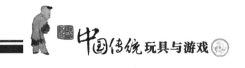
"蒙古棋与内地之棋不尽同，不知其所自始。局纵横九线，六十四卦，棋各十六枚，八卒，二车，二马，二象，一炮，一将，棋面圆形，将刻塔，象刻驮或熊，众棋环击一塔，以无路可出为败，此亦蒙古之特别文明也。"

蒙古象棋的某些走法与一般象棋相同，如车通行无阻，马走"日"字，卒子只准前进不准后退。但是蒙古象棋又有自己的特色，如马无别足限制和不得最后将死对方的官长，官长和车之间一般不能易位，需易位时，先动官长向车走两格，然后让车从官长上面跳过去，马或驼不能直接做杀，一般不允许吃光对方，要给对方留一子。胜负的判定，以死一方官长为终局。《小方壶斋舆地丛钞》亦云："众棋还击一塔，无路可击，始为败北。"④

9-49　蒙古象棋子　《内蒙古民族文物》

鹿　棋

鹿棋对弈有两方：一方持两子，为鹿，用牛、羊髌骨做成；一方持二十四子，为狗，以铜钱或小石子代之。棋盘为一个大正方形，正方形又分为四个小正方形，小正方形又交叉为"米"字，成二十五个点，以一端的中心为起点画一个菱形，以另一端的中心为起点画一个三角形山，开棋前，鹿摆在两个山口，狗摆在棋盘内成四角的八个点上。

下棋的规则是：鹿可以在整个棋盘内走，狗只能在大正方形的区域活动。鹿先走，如隔着一只狗，就算吃一狗，隔着两只狗则不能吃，每下一次狗可以加一子，努力使两狗相连，阻止被鹿吃。如果最后两只鹿的位置在棋盘中心或山口上，鹿处于自由地位，则鹿胜狗负；如果狗将鹿围在死角里，鹿前后左右无回旋余地，则狗胜鹿负。

鹿棋主要在蒙古族中盛行，在达斡尔族、鄂伦春族中也很流行。

注释④　邢莉：《游牧文化》，北京燕山出版社，1995年。

捉放曹棋

捉放曹棋，是一种东北满族、汉族的民间棋类，有的管它叫"放曹操"，还有的叫"华容放曹棋"。它是根据《三国演义》中的历史故事演化而成的。该棋的玩法是：先将棋盘分为二十格，"曹操"占四格，"五虎将"各占两格，四兵各占一格，另留两个空格。沿空格按固定的或横或直的路线移动，使"曹操"逐步移至正中的出口，返回"曹营"。关键是巧妙地运用四个"兵"。尽管弈法简单，下起来却曲折复杂，奥妙莫测，变化无穷。一步下错，满盘皆输，处处受阻，走投无路。此棋制作简便，用纸或纸壳画个棋盘，用厚纸剪成小块，分别写上各将的名字，即可玩。

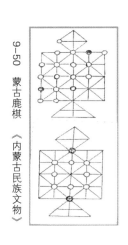

9-50 蒙古鹿棋 《内蒙古民族文物》

赶羊棋

土族有一种"罕跃"，汉语意为赶羊，是一种特殊的棋戏。在地上画一个正方形，用三条等分线连接对边，画对角线，然后连接四边中心点画内正方形，内正方形的边线通过交点外延少许，接线端呈三角形，延长正方形两条中线至三角形底边，再连接三角形两腰中点即为棋盘。

玩时，以四人对弈，每人各占一面，各据一个三角形和一个侧角。每人都有九个有特色的棋子，置于三角形各线交点和侧角交点上，每两个交点之间为一步棋路。下棋时，可跳越对方一个或几个棋子，并可吃掉这些棋子，再添上自己的棋子，最后收局时以棋子多少定胜负。

9-51 捉放曹棋 《关东民俗》

黄忠	曹操	张飞
马超	关公	赵云
	兵	兵
	兵	兵

曹营

牛角棋

牛角棋是广西侗族的棋类活动，又名"牛王棋"。它的棋盘由一个圆圈和一个状如牛角的图形构成，故得名。圆圈是牛角棋的牛圈，牛角状图形有三条弧线，它们的一端共同相交于牛圈圆周上的某一点，另一端则分别与牛角的底线相交，其交叉点分别是各路棋走棋的起点，三条弧线分别是三条棋路。棋一般是由三人游戏，开棋前，先注明"一、五、七""二、四、八""三、六、九"三个棋路的名称；开棋时，三人各选好一个棋路。走棋的方法，以计算手心棋子数之和来确定该哪一方走棋，先进入牛圈者为胜，称"牛王"。

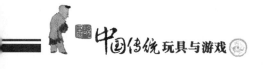

猪娘棋

猪娘棋是侗族民间的棋类活动，又叫"猪崽棋"。它的棋盘呈正方形，由五条经线、五条纬线和六条斜线交叉成二十五个点组成，在猪娘棋盘上，接在大正方形之上的菱形叫做"猪圈"。

下猪娘棋的棋子为二人对弈，一方执猪娘棋子，另一方执猪崽棋子。开棋前，先在棋盘上将棋子摆好。开棋时，由猪娘棋子先走，猪崽棋子后走。无论谁走棋，每次都只能在同一线路空位上走动一步。当猪娘走到同一线上四颗棋子中间位置时，叫做"挑一挑"，这时猪娘棋子可把猪崽的四颗棋子吃掉。当猪娘走到两颗猪崽棋子之间时，若猪娘距两颗猪崽棋子距离不等时，可继续正常走棋，若距两颗猪崽棋子距离相等，也叫做"挑一挑"，这时猪娘就可以把猪崽的两颗棋子吃掉。⑤

瓦　棋

水族有一种瓦棋，由两人对弈。棋盘为长方形，分甲乙双方，甲走一步，乙跟一步，你走我追，直逼对方走投无路为胜。

三三棋

水族还有一种三三棋，棋盘为方形，内套两个小方格，且各角连线，双人对弈。甲方先上一棋，乙方也跟着上一棋，谁先摆成三角形，即可吃掉对方一子，如某方棋子损失过多，摆不成三角形，即为败北。⑥

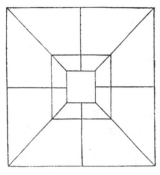

9-52　三三棋　《水族民俗探幽》

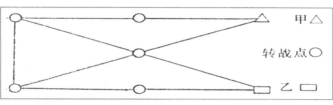

9-53　瓦棋　《水族民俗探幽》

注释⑤　郭泮溪：《中国民间游戏与竞技》，上海三联书店，1996年。
注释⑥　何积全：《水族民俗探幽》，四川民族出版社，1992年。

第十章·益智类

　　益智类玩具，是指启迪智慧的玩具，其内容较多，除前所述的棋牌类外，还有两大类：一种是环类玩具，有九连环、蛇环、花篮环和孔明锁等多种，用金属丝或木制作，需要掌握一定程序方能开解组合，完成种种变化。其中部分品种如九连环、孔明锁等也曾引起文人和上层社会的重视，成为中国传统智力玩具的代表作。另一种是板类玩具，也叫"拼板玩具"，包括七巧板、益智图、十六巧、二十一巧等，均以拼排图形的方式来培养创造能力和编排能力。拼板玩具多由古代文人所创，经不断总结和修改，才成为现在稳定的样式。

一 环类玩具

环类玩具是以铁丝制成的各种环具，又装制成一定形式，供儿童们玩耍，在妇女中也很流行。

九连环

九连环为古代汉族的智力游戏，以九个环形相联成串，以解开为胜。明代已有文献记载，如明代杨慎在《丹铅总录》中曰："九连环之制，玉人之功者为之，两环互相贯为一，得其关捩解之为二，又合而为一。今有此器，谓之九连环，以铜铁为之，以代玉，闺妇孩童以为玩具。"在《红楼梦》中也提到了九连环："谁知此时黛玉不在自己房中，却在宝玉房中，大家解九连环玩呢。"

制作九连环的材料有铜丝、铁丝、铅丝等，制作圆环是用一段废铁管，直径与圆环的内径相等，在铁管一端锯一个与所用金属丝直径相等的豁口，再把金属丝绕在铁管上，直到缠够九圈。用钢锯把金属圈锯断，就成了九个圆圈，开口处用锡焊住，于是形成了九个环。九个环的叠错扣连关系是依靠"环杆"来实现的，环杆的下端插入底板的九个孔洞内，穿过之后再弯成小圈，底板用铜板、铝板、木板、竹板都可以。最后将各种组件组装在一起，九连环就做好了。[①]

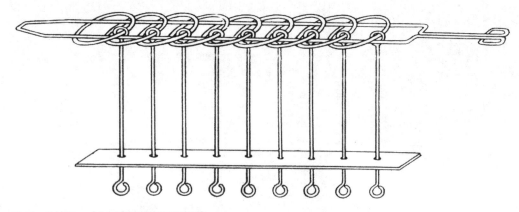

10-1 九连环 《中国民间玩具造型图集》

注释① 王连海：《中国民间玩具简史》，北京工艺美术出版社，1997年。

玩九连环的方法有三种：

单环的上、下法。先把第一只环从下面装到叉上去，或者从叉上取下来。下环，把第一只环套过叉尖，由上从叉中穿下；上环，左手拇指、食指和中指拿环，自下从叉中穿上，中指推住环，拇指和食指移到叉上提住环，把环套过叉尖推上叉。

双环的上、下法。基本同单环的上下法相同，只不过同时需拿住两个环，但要指出来的是，这种办法只适用于第一、二两环同时上下，对于别的任何两种环都不适用。

三只环的上、下法。下法是先把第一环按上述单环下法取下，再把第三环从第二环的后面套过叉尖，继又把第三环自上从叉中穿下，第二只环依然套在叉上，然后再把第一环装上就可以取下第三环；上法是将第一、二环同时上叉，然后让第三环下叉，再把第三环自下从叉中穿上，与第二环同时套上叉尖，然后再把第一环装上。

九连环的退法，也有一定的规律。

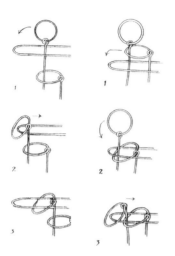

10-2　九连环步骤图两种
《中国民间玩具简史》

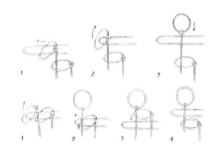

10-3　九连环退步法　《中国民间玩具简史》

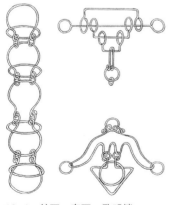

10-4　蛇环、套环、孔明锁
《中国民间玩具简史》

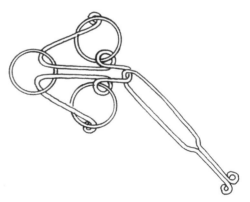

10-5　三扣环
《中国民间玩具造型图集》

其他环形玩具

除了九连环外，还有几种比较简单的环制形玩具：一种是三扣环，一种是蛇环，一种是套环，还有一种孔明锁。②

10-6　妙绪环生　《吴友如画宝》

二　七巧板

七巧板是一种古老的拼图玩具，远在周代就已有七巧之戏，即妇女穿针引线乞巧手，后来出现了七巧板。后来被国外引进后，甚为外国人喜欢，称其为"中国图板"。但在出现七巧板以前，还流行过一些拼板玩具。

燕几图

七巧板起源于宋代的"燕几图"，创始人是北宋时的黄伯思。他首先设计了由六件长方形案几组成的"燕几"，六件案几可分开或拼合，宴会宾客时，视宾客多寡和杯盘丰约而设几，因以六为度，故名"骰子桌"。黄伯思的朋友宣谷卿见到"骰子桌"十分喜爱，并为之增设一件小几，以便增加变化，改名为"七星"，后编入《燕几图》。黄伯思按照拼排形式，将图形分为二十类，变化为四十种图形。

明代严澄根据"燕几图"原理设计了"蝶翅几"，仍用于宴会宾客，设不同的三角形几案共

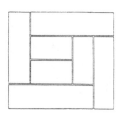

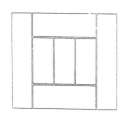

10-7　燕几图　《中国民间玩具简史》

注释②　王连海：《中国民间玩具简史》，北京工艺美术出版社，1997年。

十三件，合起来呈蝶翅形，分开后可拼图形百余种。清代陆以湉《冷庐杂识》："明严澄《蝶几谱》，则又变通其制，以勾股之形，作三角相错形，如蝶翅。其式三，其制六，其数十有三，其变化之式，凡一百有余。"③

🏵 七巧板

七巧板是在《燕几图》《蝶几谱》基础上产生的。最初的七巧板是由木板制成的，后来改为厚纸板，所用玩具是一个正方形，内分为七块，包括两个大的等腰直角三角形，一个中号的等腰直角三角形，两个小号的等腰直角三角形，一个小的正方形和一个平行四边形。清嘉庆年间出版有《七巧图》，光绪年间出版有《益智图》，对七巧板的形制和玩法都做了详细的记录。玩时可利用上述七块木板组成各种几何、艺术和人物等图案，但是有一定规则，在拼任何图形时，必须把七块木板都用上，不能直立，不能重叠。在清代《吴友如画宝》里有一幅"天然巧合"图，就是古代妇女玩七巧板游戏的生动场面。

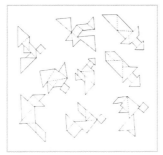

10-8　七巧板
《中国民间玩具简史》

10-9　清代七巧板拼图
《中国民间玩具简史》

10-10　七巧板拼图　台湾《汉声》

10-11　天然巧合　《吴友如画宝》

注释③　王连海：《中国民间玩具简史》，北京工艺美术出版社，1997年。

七巧板取材方便，制作容易，训练智力，因此传播很广，不仅在国内受到欢迎，还相继传到日本、英国、法国、美国等国，成为世界性的玩具，各国都撰写了不少专著。

三 益智图

益智图也有几种，如：

❀ 益智图

益智图是在七巧板的基础上发展起来的一种拼板玩具。创始人是清末文人童叶庚，他在乡间看见儿童把线绳撑在手指间做"翻股"游戏而受到启发，联想到事物的变幻关系，因而对七巧板进行改革，创制益智图。共设十五块组件，合而为正方形，分开可拼排各种图形，组成博古器物、古诗意图、八卦卦象、花卉风景等多种图式，并著有《益智图》一书，光绪四年（1878年）刊行，流传广泛，俗称"十五巧"。

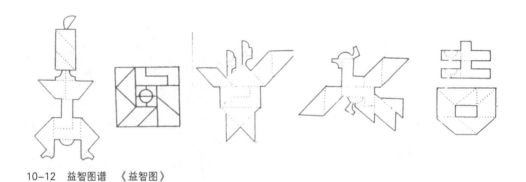

10-12 益智图谱 《益智图》

益智图也是一个正方形，内分十五块不同形制的拼板，玩法和规则与七巧板大同小异，但更复杂多变，可拼出动植物、人物动作、数字、器械、建筑物等图形。益智图与七巧板相比，增加了数量和容量，也提高了自身的表现能力，所构成的图像更加精美传神，使我国的益智玩具又获得了新的发展。

百巧图

百巧图是在益智图的基础上发展起来的，也是一种拼图玩具，在正方形板上，分割成二十二块不同形状的板块，比益智图多七种，其中有长方形、直角三角形，可直接组成各种复杂的形象。此外，还有一种八卦益智图，由十五块板组成，亦可拼成各种图案。

四 华容道

这种玩具取材于《三国演义》故事。

华容道共有十块组件，包括大小相同的长方形五块，大小相同的小正方形四块，大正方形一块，长方形中只有一块横放，其余均竖放。在民间流行的华容道，皆绘人像，在华容道的十块板上分别标有曹操、关羽、张飞、赵云、马超、黄忠和四个兵卒。

该玩具玩法很多，最常玩的是"横刀立马"，其中以八十一步为最好的方法。[④]

10-13 华容道布局图 《中国民间玩具简史》

10-14 横刀立马布局图 《中国民间玩具简史》

注释④ 王连海：《中国民间玩具简史》，北京工艺美术出版社，1997 年。

五 重排九宫

　　重排九宫，也是一种板块玩具，但有底盘，板块沿一定路线行走。

　　中国古代有一种"九宫图"，起源很早，可追溯到大禹治水遇大龟，龟背上有一种图案，这就是河图的来历。汉代正式出现了九宫图，以数字排列。北周时有人把九宫图上的数字排列编为口诀：

　　　　二四为肩，

　　　　六八为足，

　　　　左三右七，

　　　　戴九履一，

　　　　九居中央。

　　该图呈方行，横竖行的格数相等，内填数字，进行数字排列游戏。该图又称"纵横图"。后来传入西方，研究者甚多，被称为"幻方"。重排九宫就是由九宫图演变来的，先有一固定正方形木盘，制八块木板，分三行置于盘内，分别标出1、2、3、4、5、6、7、8，空出右下角一格。玩时，以空格开始，移动板块，使之成为一定的图形。⑤使其无论从纵、横、斜方向相加都得出相同的数字。汉代已有三行的纵横图，称为"九宫"。宋代杨辉《续古摘奇算法》上也有纵横图，可见这种数字游戏是比较古老的。

$$
\begin{array}{|c|c|c|}
\hline
4 & 9 & 2 \\
\hline
3 & 5 & 7 \\
\hline
8 & 1 & 6 \\
\hline
\end{array}
$$

10—15　九宫图　《中国民间玩具简史》

注释⑤　戈春源：《吴地娱乐文化》，中央编译出版社，1996 年。

六 积 木

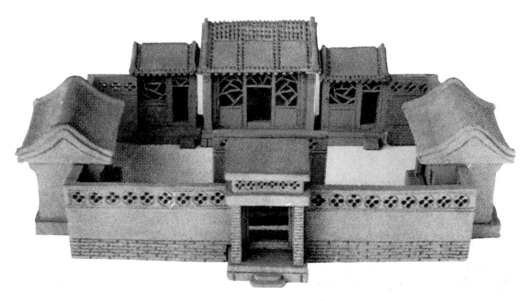

10-16　清代积木院落拼图　《紫禁城》

　　积木是儿童们的常用玩具，它是以木制的若干片块组成，可拼成各种图形。其类似益智图，可称为平面积木；也可搭成立体建筑、器物等模型，又称为立体积木。清宫内的积木可拼搭成各种建筑造型，也是清代皇帝所喜爱的玩具之一。

10-17　清代宫廷积木　《紫禁城》

10-18　清代宫廷积木拼图　《紫禁城》

七 酒 令

酒令，是饮酒中的游戏，其中有不少方法属于智力游戏。

流 觞

流觞始于周代。《晋书·束皙传》："昔周公成洛邑，因流水以泛酒。"即用酒杯放在流水上，流至何处，该处的人就要饮酒，这种酒具古代又称为"觞"。这种游戏多为文人墨客所为，并且绘有《兰亭图帖》，其中的曲水流觞即为此戏。在明代版画中有一幅"酒曲图"，是来源于上巳节的水上游戏，进而演变为"曲水流觞"。这种酒戏是在野外宽敞的地方进行的，可能是较早的酒令游戏。在故宫、陶然亭等地都留有曲水流觞的遗迹，当是上述游戏的名胜古迹。

10-19 曲水流杯渠 《紫禁城》

10-20 曲水流觞 清代漆艺文物展

猜 枚

猜枚，又称"藏钩""射覆"，就是把物件藏起来让人猜。此戏既可做酒令，也可做平时的游戏。此戏用之于酒令时，由行令之人手中紧握棋子或瓜子、钱币、莲子一类的小物件，让人猜测，凡猜中颜色、数目者为胜，负者罚酒。

猜枚酒令到明清时期更为复杂，把谜语引入射覆。出谜的人用一句诗、一个典故、一句成语或一两个字，将所覆的事物隐喻其中，这叫"覆"，对方则要用另一些隐喻该事物的诗句、典故、成语去射，叫"酒底儿"。射不中者为负，由令官主罚，负者喝酒。

❋ 手势令

手势令又称"拇战""拇阵""搳拳""划拳"，是双方用手指做动作，按规则分出胜负的游戏，始于唐朝。郎廷极《胜饮编》："唐皇甫松手势酒令，五指与手掌指节皆有名，通呼五指曰五峰，则知此戏其来已久。"

拇战，有多种"战"法。

第一种，叫"童童猜"。是双方把手藏起来，然后喊"童童猜"，伸出手形。一般以拳头做"榔头"，伸出食指与中指为"剪子"，摊开手掌为"纸头"。根据规则，榔头胜剪子，剪子胜纸头，纸头胜榔头。由于这一手势令较简单，除了成年人在酒席上采用外，多为逗引小孩玩，因此亦视为儿童游戏。

第二种，叫内拳令。两人同时出指头，同时喊数，以所喊数与双方未出的指头之和数相同的一方为胜。

第三种，叫外拳令。与内拳令相反，以喊准伸出指头之和为胜。如双方各伸出一个指头（一般用拇指），喊"二"者为胜，一方伸出两个指头，另一方伸出三个指头，喊"五"者为胜。同样，同时喊准或都喊不准，可重新喊，直到一方喊准为止。

第四种，叫五毒令。此令规定大拇指为蝎虎，食指为蜈蚣，中指为蛇，无名指为蟾蜍，小指为蜘蛛。规定蟾蜍吃蜘蛛，蜘蛛吃蝎虎，蝎虎吃蜈蚣，蜈蚣吃蛇，蛇吃蟾蜍。搳拳时双方各出一指，以吃者为胜，被吃者为输。

第五种，叫老虎令。此令只用四个指头，以拇指、食指、中指、无名指分别代表虎、鸡、小虫、杠子，以老虎吃鸡，鸡吃小虫，小虫蛀杠子，杠子打老虎。也以吃者为胜，被吃者为败。

10-21 四月流觞 雍正《十二月令》

10-22 酒令钱和酒令筹 《汉代物质文化资料图说》

10-23 酒令筹 《文物》

10-24 明代嵌银铁令牌 中国国家博物馆藏

筹 令

筹，原来是一种计算工具，唐朝开始用于酒令，作为一种博戏器物。玩法是在装有筹码的筒中，凭人抽摸，再根据筹码上的令辞进行赏罚。为了保证酒令的正常进行，由公举的令官执行监督和服务工作。在江苏唐代窖藏中曾出土过一套完整的银质酒令玩具，精美别致，种类齐全。在这套酒令玩具中，有令旗、令筒和五十根令筹。在每根令筹上都有《论语》中的一句，并注明得分和罚"放"（不饮酒）的规定。其中令旗是由行令人掌握的，相当于指挥棒、帅旗，令筒是盛令旗和令筹的。⑥

叶子酒令

叶子酒令源于唐代，人们在叶子上画画写字，写上令辞，用之于借酒助兴，这就是叶子酒令的来历。

叶子酒令的规则大体与筹令相似，喝酒时大家行令摸叶子，按所摸叶子上表示的饮法进行赏罚。叶子牌共有一百一十九张，其中觥赞一张，觥例五张，觥钢五张，觥律一百零八张。采用古代善饮或嗜酒人的一则故事，立为一张叶，叶子上用一首五言绝句概括一个掌故，再以一句话做结，最后写罚酒和饮酒的规定。

斗 草

除以上智力性游戏外，益智类玩具还可列举很多，如斗草就是其中之一。它是以草茎为玩具，两个人互相勾拉草茎，拉断者为输，不断为赢。乍看这是比较简单的娱乐游戏，实则不然，一是要熟知各种

10-25 群婴斗草 《清史图典》　　10-26 斗草清风 《点石斋画报》

草的耐性，这是斗草游戏取胜的先决条件；二是要善于采集好的野草，这就要求了解自然，才能利用自然；三是在比赛中，也要充分发挥智力，巧妙地战胜对方。因此，斗草不仅是一种儿童性的游戏，也是成年人的一种娱乐活动，妇女喜欢玩它，成年男子也以斗草为雅趣。

注释⑥　戈春源：《吴地娱乐文化》，中央编译出版社，1996 年。

第十一章·技巧类

　　有些玩具和游戏，需要一定技巧，多具有竞争性，因此单独划归一类，统称为技巧类，包括踢毽、跳绳、陀螺、高脚、秋千和风筝等等。

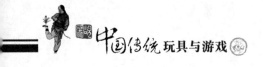

一 踢 毽

踢毽，古代称"蹴"，又名"踢毽子"。宋代高承《事物纪原》："今时小儿以铅锡为钱，装以鸡羽，呼为毽子，三五成群走踢，有里外廉、拖枪、耸膝、突肚、佛顶珠、剪刀、拐子各色，亦蹴鞠之遗事也。"历代都有流行。《燕京岁时记》："毽儿者，垫以皮钱，衬以铜钱，束以雕翎，缚以皮带，儿童踢弄之，足以活血御寒。"毽子以金属钱为底座，孔内插拴鸡毛、麻匹。《百戏竹枝词》："缚雉毛钱眼上，

11-1　儿童踢毽　《吴友如画宝》

数人更翻踢之，名曰'攒花'，幼女之戏也。踢时则脱裙裳以为便。"

踢法有拐踢、盘踢、蹦踢、间踢等。小孩子踢毽则系一绳，以防飞跑。踢毽时还唱有儿歌，现举两首为例：

一个毽儿踢两半儿

一个毽儿，踢两半儿，打花鼓儿，绕花线儿，里踢，外拐，八仙，过海，九十九，一百。

一个毽儿踢八踢

一个毽儿，踢八踢，马兰花开二十一；二五六，二五七，二八，二九，三十一；三五六，三五七，三八，三九，四十一；四五六，四五七，四八，四九，五十一；五五六，五五七，五八，五九，六十一；六五六，六五七，六八，六九，七十一；七五六，七五七，七八，七九，八十一；八五六，八五七，八八，八九，九十一；九五六，九五七，九八，九九，一百一！①

11-2　哆毽　《少数民族玩具和游戏》

比赛形式较多，可单人比次数和花样，还可进行两人或集体比赛，事先在场中央画两条相距一米左右的横线为"河"，两队各占一半场地，由甲队发毽，踢向乙方，乙方在毽未落地之前，又踢向甲方，如此反复往返，每局十分，采取五局三胜制，失一毽失一分。

我国少数民族踢毽游戏更是花样翻新，除与汉族有相同的玩法外，还有特殊的玩法，如侗族的毽子种类繁多，有哆毽、青草毽、稻草毽、芦苇毽、鸡毛毽等，以踢得高、踢得远、踢得准为优胜。

贵州苗族有固定的踢毽场所，称为"毽塘"，由姑娘们管理，流行打手毽。小伙子们

11-3　嬉毽　《北京风俗图谱》

11-4　踢毽子　《中国民间游戏与竞技》

注释①　王文宝：《北京民间儿童娱乐》，北京燕山出版社，1990年。

得毽后立刻用手把毽子打回去，一抛一击，往返不断，不能使毽子落下来。双方还可以谈天和对歌。这种打手毽在壮族、侗族、布依族、瑶族地区都有。

在湖南土家族地区有一种抢毽，先由一人用手把毽子抛向空中，另一人将降下来的毽子踢向空中，其他人也争而踢之，这就是所说的"抢毽"。这种游戏，参与者双方要有敏捷的眼力、强劲的腰力和快捷的反应速度。她们边打转子，边谈笑风生，这是一种十分愉快的女性游戏。[②]

二 跳 绳

跳绳，古代又称"跳百索"，多在农历正月十五进行，其起源较早。沈榜《宛署杂记》："十六日，儿以一绳长丈许，两儿对牵，飞摆不定，令难凝视，似乎百索，其实一也。群儿乘其动时，轮跳其上，以能过者为胜，否则为索所绊，听掌绳者绳击为罚。"

民间跳绳有三种主要形式：一种是单人跳绳，即双手握一条绳的两端，绳置身后，手摇动，将绳从后甩向前方，双脚跳跃，绳即从脚下过去，如此反复跳跃，这种单跳也可以许多人进行，比赛次数及耐力，其中技术高者，跃起后可过两三道绳子，并有种种花样；一种是双人跳，跳法如前，但是需另加一人，站在跳绳者前面，二人协同动作，一起跳跃，绳子从二人脚下过去；还有一种是众人跳绳，由两人牵一长绳，迅速摇动，众人可跳跃其上，也可单人跳跃，通常是顺着摇动

11-5　黎族小孩跳竹竿　李露露摄

11-6　朝鲜族跳竹竿　李露露摄

注释② 李吉阳：《少数民族玩具和游戏》，晨光出版社，1994年。

11-7　朝鲜族跳跳板　《少数民族玩具和游戏》

的绳索有规律、有节奏地跳跃，对健身强体大有益处。

　　此外，还有跳皮筋。与跳绳一样，儿童们玩跳皮筋的方法也有两种：一种是用手玩橡皮筋；另一种是双腿跳皮筋。双腿跳皮筋，一般要取一条长数尺并且带有弹性的皮筋，把皮筋两头拴在树干或固定物上，即两头固定，或由两位儿童牵拉着，留有一定的高度，然后进行玩耍。可以单人跳，也可以双人跳，双人跳时，由甲方先跳，违反规则后，则换成乙方跳，循环反复。跳皮筋是女孩们十分喜爱的游戏。

　　另外，黎族、朝鲜族还有跳竹竿，朝鲜族有跳跳板活动。

三　陀　螺

11-8　史前木陀螺　中国国家博物馆藏

　　抽陀螺，又名"抽汉奸""鞭陀螺""打猴"。过去认为是北方游戏，其实远在史前时期的浙江河姆渡文化遗址、常州圩墩遗址都有木陀螺出土，在山西夏县仰韶文化遗址还出土过陶制的陀螺。宋代又称"千千"，当时的陀螺系以象牙制成圆盘，中有孔，插以铁针，以手捻针即可使其旋转。在宋代出土的瓷枕上已有儿童打陀螺的生动形象。南方、西北诸民族中也有打陀螺的游戏。据明代刘侗、于

11-9　民间陀螺玩具　《中国民间玩具造型图集》

奕正《帝京景物略》记载："陀螺者，木制如小空钟，中实而无柄，绕以鞭之绳而无竹尺，卓于地，急掣其鞭，一掣，陀螺则转，无声也，视其缓而鞭之，转转无复往，转之疾，正如卓立地上，顶光旋旋，影不动也。"在一件明代瓷枕画上，就有生动清晰的抽陀螺场面。抗日战争时为抗御外敌，小孩子多称陀螺为汉奸，儿歌曰："抽汉奸、打汉奸，棒子面儿、涨一千"。可见，此游戏在民间是广为流传的。

少数民族地区也多喜欢玩陀螺。

台湾高山族男女老少都玩陀螺。广西的瑶族打陀螺分为两队，一队先放陀螺，另一队再放一陀螺击撞，以击倒对方的陀螺为胜。壮族的陀螺多用坚硬的桄木制成，顶部绘有花纹。玩法有旋放和撞击两种：旋放是用绳子绕住陀螺锥部，绳尾打结，小指和无名指夹住绳结，手臂向前伸出后猛力旋回，陀螺便可在地上旋转，以旋转时间的长短分胜负；撞击是快跑几步，趁势将手中陀螺对准地上旋转的陀螺掷出，让被撞击的陀螺停止旋转，使撞击的陀螺旋转为胜。打法有单人对打，多人对打几种。多人对打的双方人数要相等，双方各出一队员，以旋放决胜负，胜者获撞击权，负方旋放。撞击时要有一定的距离，若撞击一方获全胜或多数胜，则旋放一方继续旋放。反之，撞击一方旋放，原旋放一方因获胜而获撞击权，如此反复为戏。[③]

佤族有一种头大身小的蘑菇式的陀螺，也是一队放旋转，另一队用陀螺击之，

11-10　台湾地区陀螺游戏　《台湾民俗大观》

11-11　佤族鸡棕陀螺
《少数民族玩具和游戏》

注释③　广西壮族自治区博物馆提供。

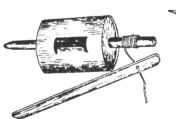

11–12　竹陀螺
《中国民间玩具造型图集》

11–13　音响陀螺
《少数民族玩具和游戏》

11–14　高山族陀螺
《民族学研究集刊》

因为是用鸡棕蘑菇为陀螺，故又称为"鸡棕陀螺"。在台湾高山族中陀螺形制更多，还有鸣响式的陀螺。

四　风车和风筝

✿ 风　车

　　风车是用竹和纸制作而成，借助风力作用而转动并发出声响的玩具，其中包括多种类型，主要有：

　　三辐螺旋式风车　这种风车制作较简单，取三根纸条，皆中间折为双层，然后依次套穿，形成螺旋式风车，儿童们用手指或木棍迎风支撑，该风车即可随风旋转。在农书《豳风广义》中，还有一种二辐式的风车形象。

　　四辐螺旋式风车　在《镜录》中有一面宋代铜镜，其上图案已有这种风车形象。在近代民间制作这种风车是取一方形纸，折成或画成两条对角线，从四个角沿对角线剪三分之一，共为八角。在纸中央粘一段秫秸秆，用细铁丝把对角线剪成八角形，分别叠

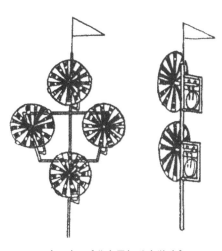

11–15　大风车　《北京民间儿童游戏》

粘在秫秸秆上，并把其弯成一环形，下端插一木棍，迎风慢跑，在风的助动下风车即可旋转。

鸣响式风车　该风车是用秫秸秆扎制成两寸宽的小方框，用细秫秸秆为轮，彩纸条为轮条，轮心用小段秫秸秆牵制上方，再穿一截比方框宽度小的秫秸秆，竹签头钻出方框对面的一边，并嵌有小铁片，下为方框缠皮筋，中拴小竹棍，铁片相叠，下端插胶泥，顶端插小旗，风吹轮峰时，轮带动铁片转动，拨动小竹棍，击小鼓成声响。在《北京三百六十行》图册中就有卖这种风车的小贩。

风轮　把一张圆纸从中切一米高，轮着一角向上折，一角向下擢，这就是风轮了。放在地上，有风即可转动很远。还有一种是六齿风轮，可供儿童们玩耍。此外，北京还有一种风轮叫"飞沙燕儿"，即把两个涂成黑色的硬纸剪好的燕子翅膀相对，与剪好的燕子头粘在一起，用一小圆铁片，一端之细管朝前，另一端由燕身下稍粗之管孔中穿过后粘住二燕尾，一根细棍拴线系住燕身，用手握棍的另一头抡圆圈，燕尾便会随风转动，细管发出"沙沙"的声响，好像燕子在鸣叫一样。

11-16　童戏风车　杨柳青年画

风　筝

风筝，又名"纸鸢""纸鹞"，是指利用风力制作的玩具。其特点是使用原料轻便，主要是纸张，形制富于浮力，从而才能在风力的推动下飞翔于空中。

风筝起源较早，传说周代公输般做木鸢以窥宋城。汉代韩信围项羽于垓下，以牛皮制鸢，上置吹笛者，奏楚曲涣散楚军斗志。南朝时梁武帝被围在南京台城，也以风筝传书求兵。《燕京岁时记》："谨按《日下旧闻考》纸鸢

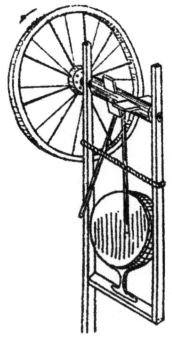

11-17　鼓风车　《田家自有乐》

古传韩信所作，五代汉季，李业与隐帝为纸鸢于宫门外放之。"元代林坤《诚斋杂记》："（韩信）作纸鸢放之，以量未央宫远近。欲穿地入宫中。"由此看出，风筝最早用于通讯、测量、宣传。唐代以前以丝绸做风筝，晚唐时期开始用纸做风筝。唐采《纸鸢赋》："代有游童，乐事未工，饰素纸以成鸟，象飞鸢之戾空之野鹄来迁而伴飞，都人相视而指看。"五代沿之。《询刍录》中云："风筝，即纸鸢，又名风鸢。初，五代汉李邺于宫中作纸鸢，引线乘风为戏，后于鸢首以竹为笛，使风入竹，声如筝鸣，俗呼风筝。"北宋以后，风筝与工艺美术结合，更为人们所喜闻乐见。如古代瓷器上多有儿童放风筝的形象，在古墨、铜镜上也多有放风筝的形象，后来发展为民间玩具。明清以后风筝制作更加精巧。曹雪芹《南鹞北鸢考工记》中记载了风筝的扎、糊、绘、放等制作工艺过程。所放的风筝由三部分组成：一是风筝，二是风筝线，三是线轮，又名"线框子"。《燕京岁时记》："风筝即纸鸢，缚竹为骨，以纸糊之，制成仙鹤、孔雀、沙雁、飞虎之类，绘画极工。儿童放之空中，最能清目。有带风琴锣鼓者，更抑扬可听，故谓之风筝也。"

　　风筝的形制有两类：一类是平面式，如方形彩蝶、鸟类、八卦、塔社等；另一类是立体式，如龙头蜈蚣、节节高飞燕、人物等。所谓节节高飞燕风筝，是把一个飞燕放飞而且稳定以后，

11-18　北京风筝　《中国民间玩具简史》

11-19　山东风筝　《中国民间玩具造型图集》

再系几个飞燕不断升起，形成一个比一个高的节节高飞燕。还有一种流星赶月，先放飞一大纸鹰，待其在空中飘飞稳定以后，再把翅膀可以开合的彩蝶贯于线上，让彩蝶沿线飞往一定的高度。这些风筝一般用细竹、竹片扎成骨架，模仿蝴蝶、蜈蚣、飞禽、鸟、虫、人物、器物等形象，上糊棉纸或丝绸，外绘彩画，有些风筝上还加一定的音响，称为"鹞琴""锣鼓"风筝，有些风筝还有"灯笼"。

　　放风筝有一定的时间性，一般是在春节至清明期间。《坚瓠集》："以春风自下而上，纸鸢因之而起，夏日则风横行空中，故有清明放断鹞之谚。"《清嘉录》："清明后，东风谢令乃止，谓之放断鹞。"江南也是如此，民谚曰："正月鹞，二月鹞，三月放个断线鹞。"风筝在空中之所以能够飞行，是因为放飞时必须在风筝的拉力中心拴上提线，再与放飞线相结合，借助风力，不断飞向天空。

　　放风筝可一个人放，也可以多人放，还可举行比赛。比赛项目有比大小的，有比华美、精致、高低和技巧的。在有些地区还形成风筝会。《广东新语》："南海之佛山，岁九月十日为放鹞会。"最后应该指出，放风筝并不单纯是为了娱乐，其实它的起因在于驱疫。过去遇到小孩子患病，便把疾病写在纸上，放飞后把线切断，认为这样小孩子就病去身愈了，

11-20　童嬉风筝　《吴友如画宝》

11-21　清代青花罐童嬉风筝　中国国家博物馆藏

11-22　春风得意放风筝　杨柳青年画

11-23　大雪丰年戏风筝　杨柳青年画

11-24　十美图放风筝　杨柳青年画

11-25　风筝雅会　《点石斋画报》

这是明显的送病巫术。《常熟县志》："儿童放纸鹞，以清明上，曰放鹞。"因此，风筝已经成为一种吉祥的象征。在民间年画中多绘有放风筝的形象，作为吉祥如意的象征。④

五 秋 千

秋千，又名"鞦韆""悠千""半仙之戏"，起源于北方少数民族。《事物纪原》记载："《古今艺术图》曰：北方戎狄，爱习轻趫之态，每至寒食为之。后中国女子学之，乃以彩绳悬树立架，谓之秋千。或曰本山戎之戏也，自齐桓公北伐山戎，此戏始传中国。"也有说起源于汉武帝。唐代高无际《汉武帝后庭秋千赋》："秋千者，千秋也。汉武祈千秋之寿，故后宫多秋千之乐。"《百戏竹枝词》："半仙之戏，无处无之，仕女春图，此为第一，近有二女对舞者。"

出现较早的秋千形象是宋人苏汉臣的《婴戏图》，图中画有几个小孩在打秋千。另外在《月曼清游图册》中也有妇女荡秋千的娱乐场面，其中有三种秋千的玩法。

🌸 吊 秋

吊秋，又称"双绳木板秋千"。通常是在地上立两柱，上有横梁，在梁上拴两绳，下吊一木板，人坐或站在木板上荡之。洪觉范《秋千》："画架双裁翠络偏，佳人

11-26 秋千 《清史图典》

11-27 荡秋千 《月曼清游图册》

11-28 打秋千 《清明上河图》

注释④ 徐艺乙：《风筝史话》，北京工艺美术出版社，1992年。

11-29 轮子秋 《点石斋画报》

11-30 车秋 《云南壮族画册》

11-31 转秋千
《少数民族玩具和游戏》

11-32 八人秋
《少数民族玩具和游戏》

春戏小楼前，飘扬血色裙拖地，断送玉容人上天。"

磨 秋

磨秋，类似推磨，故而得名。即在地上埋一立柱，上端削尖，横安一长杆，如天平状，玩时二人或多人分坐横杆两端，可上下升降玩耍。这种秋千在哈尼族、瑶族、普米族、纳西族地区均有之。

广西隆林县彝族在每年秋收之后，青年男女便聚集在晒场上打磨秋庆丰收，既为娱乐，又可在娱乐中结交朋友。玩时双方人数均等，各攀住一边横杆，蹬踏地面，使横杆以竖柱为轴转动，一方落地，另一方就飘在空中，颇为悠闲惬意。落地一方用力前跑，使磨秋旋转不停，如此循环反复。

车 秋

车秋，又名"转秋""轮子秋""风车秋"。通常在地上立两柱，上为轴，在轴上安四木，如纺车状，在四木梢系绳板，可坐四人或八人，可上下左右转动。这种秋千在汉族、土族、阿昌族、苗族、哈尼族等地区均有流行。在《点石斋画报》中有一幅图，其中就有一架车秋的形象。

土族的轮子秋，是把大车的车轴和轮子拆下来，放在广场或麦场上，先把车轴竖起来，在下轮上放巨石，在上轮上用绳子固定住一个梯子，在梯子两端拴等长的皮绳，名曰"卜日"，汉意为轮子秋。比赛时，每组两人，分别坐在皮绳上旋转，以转速快、时间久、头不昏为胜。

在苗族地区，不仅流行吊秋、磨秋，还有车秋，其中的八人秋是车秋中人数最多的秋千，可谓集体秋千之最。荡秋千有一定的季节性，基本是在农闲之时，清明时节最为活跃。《酌中志》："清明，则秋千节也，带杨枝于鬓。坤宁宫后及各宫，皆安秋千一架。"惠洪《秋千》："花板润沾红杏雨，彩绳斜挂绿杨烟。"荡秋千多在二月和三月进行，其间还要祭神姑，保佑姑娘们玩秋千时平安、快乐。

第十二章·杂技类

杂技类玩具和游戏也不少，主要包括体
技、绳技、竿技、梯技、剑技、马术等等，
后来发展为专门的杂技、马戏表演。

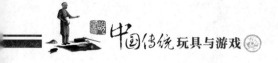

一 体 技

体技是指以身体动作的变化，来表演一定技艺的娱乐。

倒 立

倒立，又名"拿大顶"，亦称"蝎子爬"，汉代称倒立为"倒植"。这种形体游戏由来已久，后来成为古代百戏之一。在我国古代画像石中就有各种倒立表演，其中有双手倒立、单手倒立，还有单手起跃倒立、单手扶桌倒立、单手扶肩倒立、五案倒立、马上倒立等。在这些倒立中，还可摆弄各种玩具，进行复杂性表演，如单手倒立弄球、顶碗、弄丸。双手倒立也可以进行杂技表演，如表演长袖倒立舞，双手倒立衔壶。陶俑中也有许多倒立形象。唐代倒立有仰肩倒立，柳格倒立。倒立游戏在两个领域得到发展：一是在杂技和体操中，花样翻新，不断开拓；二是在民间，特别是在少年儿童当中普遍流行，如拿大顶，多依墙而立，双手伏地，

12-1　汉代单手倒立画像石　山东汉画像石

12-2　汉代戏车倒立画像石　河南汉画像石

12-3　汉代车技画像石　河南汉画像石

双足贴墙式的倒立。所谓蝎子爬，即儿童们在一起选一块空地倒立，两脚向后卷屈，向前移动双手，似蝎子爬状。

翻跟斗

翻跟斗，古代又称"筋斗"。在山东曲阜出土的汉代画像石上，有一组院落百戏图，其中就有一人在做翻跟斗的表演。这种游戏有两种形式：一种是正翻，即双手向前，两足悬空，腾空而起，然后两足落地式；另一种是斜翻，又称侧身翻，即将左手、右手分开，两腿叉开，侧体如四辐车轮，然后斜向旋滚。后一种游戏的难度较大，玩者以青年人为主。在《吴友如画宝》图册中有一幅翻跟斗的游戏图，全部是儿童玩的，就是向前翻的游戏。[1]

叠　技

叠技，又名"叠置技""叠罗汉"。此游戏历史比较古老，在山东武氏祠画像石中有一人足踏两鼓倒立，在其脚上还有一人用单倒立式表演。在《信西古乐图》中有一种"柳肩倒立"的形象，由两人表演，下边一人赤裸着上身，扬手而立，另一人双手搭在其肩上，形成叠技形象。还有一幅图是"柳格倒立"，即在一位力士头顶分叉双竿，在两竿顶部各有一儿童表演。该书上还有一个"三童重立"的形象，最下一人倒立，第二人在前者脚上站立，他又顶一竿，竿上又有一人表演杂技动作。此外，还有"四人重叠"的高难度动作。这些叠技基本是杂技性质。山东潍坊杨家埠有一幅"打拳卖艺"的年画，属于清末作品，其中既有马上倒立，又有双人在案上进行叠技的生动表演。民间有的把倒立与杂技表演结合起来，形成特有的扶竿倒立。叠技不仅是一种游戏，还有驱疫的重要作用，俗称"站肩祛疫"，在民间较为流行。

12-4　唐代叠技　《弹弓图》局部

12-5　站肩叠技　《点石斋画报》

注释① 王文宝：《北京民间儿童娱乐》，北京燕山出版社，1990年。

二 竿 技

春秋时期已有爬竿戏。汉代的竿戏有了更大的发展，有爬竿、顶竿、车上竿戏、掌中竿戏等。在山东沂南画像石上，有载竿的橦技，一人把橦木顶在额头上，使其立于空中，橦的上部，安一横木，做十字架形，竿顶附有一小盘，这种形式与现存的"顶竿""杠竿"节目中所使用的道具相近。有的立竿上又有横竿，其上还有多人表演。

七人缘橦则是一种群体性的竿戏活动。在晋代画像石上，除有高跷、叠技外，主要是竿戏，由一人以面顶竿，竿上有三人进行生动的杂技表演。北魏时期的杂技形象，也反映在敦煌壁画之中，如一人头顶长竿，竿顶一人腹旋，另一人单足站立其背，还有一人倒身双手握竿而上，精彩异常。此外，尚有高跷、投壶、双人拗腰倒立、鼓舞等节目。《隋书·音乐志》："并二人戴竿，其上有舞，忽然腾透而换易之。"

唐代的竿技花样更多，天宝年间，王大娘的竿上载木山歌舞；德宗时，三原人王大娘的竿载十八人而行；石火胡的五人在竿上舞《破阵乐》；洛阳大酺时，教坊小儿的竿头跟斗，均为前所未见的新节目。唐舞会之载竿图，由一人坐于地上，头斜支两竿，每竿端有一人做杂技表演。②

在西藏桑鸢寺唐代壁画上，在地上立有八

12-6 蹾杆绝技 《点石斋画报》

12-7 宋代顶竿技 宋代敦煌壁画

12-8 唐代竿技 唐代西藏壁画

注释② 孙机：《汉代物质文化资料图说》，文物出版社，1991年。

12-9　唐代歌舞竿技　《中国美术全集》

12-10　明代蹬杆杂技　《明宪宗元宵行乐图》

12-11　跑竿　《点石斋画报》

根竿，每竿上都有二至五人的表演，其中在一根竿上，又安一横竿，竿上又有杂技、竿技等表演。

　　在竿技中，还有一种踏竿，即搭成竿架，表演者在竿上行走，并做出惊险动作，或者在竿上舞丸，有的还在竿上奔跑，又可称为"跑竿"。李梦皋《拉萨厅志》："番杆戏，谛穆佛寺前，有一高杆立，番人鸣锣响鼓，上下其轻捷如猕猴。"在敦煌第72窟宋代壁画上，有一幅顶竿图，顶竿者双手持剑，做剑技表演，竿端又有人做高难度的杂技活动。在《明宪宗元宵行乐图》上的蹬竿子，也是类似表演。

三 刀 梯

上刀梯，又名"上刃杆"。古代汉族巫觋的法术之一，在清末民初民间尚有保留。在云南、四川、贵州、广西、湖南少数民族地区也较流行，多半是在正月十五前后耍狮子时举行，并用两根 10 米长的木柱为梯杆，横拴三十六或七十二把刀，刀刃朝上，故名"刀梯"。表演前，巫觋多杀鸡祭神，往刀刃上泼鸡血，在盐水盆里泡脚掌，以防刀伤。后来演变成民间娱乐杂技活动。上刀梯前要放炮、击鼓，身穿红袍，头扎红头巾，先饮酒壮胆，然后用脚踏刀刃，爬上刀梯；实际上双手必紧握刀柄，使脚力减轻，上到梯顶后，再转身从梯子另一面下来。

12-12 上刀梯 郑捷摹绘

上刀梯，最早来自巫术活动，后来逐渐变成民间娱乐。如傈僳族现在每年二月初八还过刀杆节，在广场上立有两杆，横拴三十六把刀，刀刃朝上，众人围观，小伙子表演爬刀梯，十分精彩。③

四 剑 技

剑技，是指表演者以剑为武器进行各种表演活动。"跳剑"最早见于汉代画像石，在四川德阳市和成都市郫都区画像石棺上都有，其中以沂南石刻最为精彩和清楚。在沂南百戏图上便有跳剑表演，一位老年艺人双腿微蹲，双手做抛接状，剑在空中，一剑在手中，身边还有五只小球，那是他刚抛弄过的丸铃。在四川成都东汉墓画像石上也有跳剑图。《信西古乐图》有饮刀子舞的形象。西藏桑鸢寺大回廊唐代壁画上有双剑悬人，即在案上并列两剑，剑尖朝上，一人腹朝剑尖，进行表演，这里已具有气功的性质。明代的兰子跳剑，则由表演者同时舞弄七把剑。

注释③ 李吉阳：《少数民族玩具和游戏》，晨光出版社，1994 年。

在山东孝堂山汉代画像石上，还有一幅穿心人的形象，这实际也是一种剑技形式。④

12-13　汉代击剑画像石　汉代画像石

12-14　汉代百戏击技画像石　四川汉代画像石

12-15　汉代击刺画像石　汉代画像石

12-16　汉代技击画像石　汉代画像石

注释④　孙机：《汉代物质文化资料图说》，文物出版社，1991 年。

五 绳 技

12-17 汉代百戏走索画像 石汉代画像石

　　绳技是一种古老的技巧游戏，玩具为竿绳。《后汉书·礼仪志》注引蔡质《汉仪》："以两大丝绳系两柱间，相去数丈，两倡女对舞，行于绳上，对面道逢，切肩不倾。"在汉代画像石上有关绳技的形象也屡见不鲜，如河南、山东汉代画像石上，都有走索、爬索等生动表演。在其他画像石上绳技还表演各种杂耍。"走绳"亦是唐代百戏的重要项目之一，其描写的情景，如刘言史的《观绳伎》诗中所说："泰陵遗乐何最珍，彩绳冉冉天仙人，广场寒食风日好，百夫伐鼓锦臂新。"表演时有百余人的大乐队，其布置，在张楚金《楼下观绳伎赋》中有载："其彩练也，横亘百尺，高悬数丈，下曲如钩，中平似掌。"其高度已升到几丈高以上了。

12-18 绳技翻新 《点石斋画报》

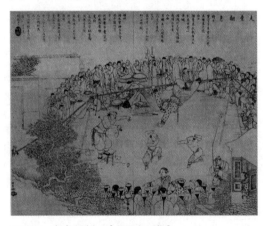

12-19 走索翻身 《点石斋画报》

12-20 唐代走索图 《信西古乐图》

12-21 拖钩雅戏 《点石斋画报》

走绳的招式甚多，如《信西古乐图》中所绘"走斜绳"，由下而上，表演人员在绳索上边走边弄玉，惊险异常。在《点石斋画报》中的"走索翻身""绳技翻新"，都是绳技精彩表演之集大成者。

民间还流传一种拖钩，近似绳技表演，仍为古代的一种游戏，直到清末还在湖北残存。从《点石斋画报》上所绘的"拖钩雅戏"一图看出，有许多人牵引着一条篾缆，有人在上足之舞之，沿街而行，击鼓伴奏。这种游戏可能起源于驱疫巫术，后为儿戏所保留。

六 舞 坛

舞坛是指人们以盘、瓶、碗、坛等生活器皿，进行杂技表演的游戏。山东沂南画像石上有七盘舞，即一人在七个盘子上跳舞。

在辽阳棒台子屯的壁画上也有舞盘的表演。画中一人曲蹲着，用两根细竿在舞弄着一只大盘子，盘中似乎还放了一只耳环，这和后世的"口签子"杂耍及竿上旋盘等节目接近。四川成都郫都区出土的汉代石棺和成都羊子山汉代墓画像石上，

12-22 蹬坛跑马 山东潍坊年画

12-23 蹬技流星锤 《三才图会》

也都有竿上旋盘的形象，与近代转盘的动作相似。这说明在汉代已经不止一种弄盘的表演了。"弄瓶"的表演在河南、四川画像石中均有发现，表演者的姿态很是生动。

到了明清时期，由舞盘、舞瓶发展为舞碗、舞坛之戏。在《三才图会》中有一幅明刻版反弓叼碗图，在地上一条直线上放九只碗，表演者反弓身体，用嘴叼碗，又称"弄瓯"。当时还流行蹬坛，这种表演多在桌子上进行，是杂技项目之一。

七 马 术

马术为杂技和体育运动之一，但是骑马是从游戏开始的。远在周代就已有调教马匹和驭驾马车的记载，骑马也是"六艺"之一。汉代已有马戏的记载，桓宽《盐铁论》："戏弄蒲人杂妇、百兽马戏斗虎。"在汉代画像石上多有马术形象，在图册中也有许多画像。在山东沂南石刻上有三幅精彩的单人马术表演图，其中两幅是刻在戏车上方，两匹马相向奔驰，其中一女演员站立在马鞍上，一手执戟，一手舞弄幢翳，另一演员双手执戟，双足腾空，做出马上起顶的技巧；另一幅图是以龙形装饰出现的，一位演员站立在筒形道具上，玩弄一根长幢，

12-24 宋代马术陶瓷枕 《中国文物图录》

12-25 汉代马术画像石 汉代画像石

12-26 汉代马术飞人画像石 汉代画像石

前后各有一人摇着鼓伴奏，这种集体马戏表演，往往和戏车结合进行。唐代又将马术与击球联系起来。《太平寰宇记》："又作戏马书，令人立于马上屈一脚，马上立书，而字皆正好。又衣伎儿作狝猴形，走马或在头尾，卧则纵横，名为'猿骑'。"这是十六国时的马戏记载。宋代马戏又有了发展，在《东京梦华录》中记载汴梁有立马、跳马、献鞍、倒立等二十多种，故宫博物院还收藏有宋代磁州窑白地黑花的马术图案的瓷枕，此时还有马上抛绣球、折柳枝、舞大刀等，将马戏与骑射结合起来。清代马戏更为壮观，北京京郊地区常有斗马之会。在古代的马戏中，也包括一些耍动物的游戏，如汉代的水人弄蛇、鼠子戏、耍猴等等。

八 变戏法

变戏法，又名"幻术""魔术"，是一种重要的民间娱乐形式。

这项活动起源于史前时代的巫术活动。当时巫觋为了显示通神的本领和自己的神力高超，往往利用各种巫术表现自己，其中就包括一些伪作的戏法，如跳火堆、上刀梯等等。因此，变戏法与宗教信仰有密切的关系，后来才发展为娱乐性的民间文化。

传说夏代最后一个王——桀，就喜欢倡优妇女表演"奇伟之戏"。到了汉代又发展为复杂的"角觝之戏"，其中就有不少戏法，如"鱼龙""漫延""戏龙""戏凤"等，这些都是以人扮装的表演。三国时期有个道家左慈，也是一个戏法大师，所谓"左慈戏曹"，实际就是变戏法，如运用垂钓大变活鱼。南北朝时期，国内民族融合，中外文化交流，变戏法也吸收了不少外来的文化，如"吐火""吞刀"等术，以及江南的凤凰含书等戏法。唐代称戏法为"散乐百戏"，比较著名的活动是卧剑上舞、走仙车、吐火、吞刀、剑上悬人等等。宋代城市经济有重大发展，出现了专门的游乐中心"瓦肆"，其中就有许多戏法内容，主要有四大类，即手法、撮弄、藏压和变人，当时还出现了以变戏法为职业的人。元代称戏法为"杂把戏"，明清时期又改称"把戏""戏法"。艺人们走到哪儿，就在哪儿围成圈进行表演。还有行香走会等表演形式。清末时出版的《鹅幻汇编》（又名《戏法图说》）就是对戏法方式的总结，书中还记录了三百多种戏法艺术。

12-27　汉代饮刀吐火　《信西古乐图》

民间的戏法，从表演场地而言，基本分为两大类：一类是舞台戏法，如罗圈、九连环等；另一类是席间或地上戏法，又称小戏法为"单包利子"。就表演内容而言，则有几百种之多，现在摘其要者介绍如下：

　　手彩　又称"撮弄戏法"，包括口诀和一些小戏法。这种戏法以剑、丹、豆、环为主，进行各种表演。"剑"，是指耍剑、吞剑，这是由古代的舞剑而来的。"丹"，是指弹丸、铁铸，是由古代弄丸演变而来的，有变丸之数量，或者吞铁球之幻术。"豆"，是指变化的"豆"（木制或泥制）的变幻术。"环"，是指九连环，本为益智游戏，但到变戏法者手中后，则形成了变环术，种类不下四五十种。

　　火药法　是利用火药所表演的幻术。

12-28　汉代弄玉　《信西古乐图》

12-29　汉代弄丸　汉代画像石

12-30　汉代杂技　汉代画像石

12-31　上海变戏法　《图画日报》

12-32　明代小戏　《明宪宗元宵行乐图》

如"口吐莲花"等，类似"口吐火焰"，因口内喷硫黄，见火后即可成为火焰。"纸鱼化活"，是在纸制的鱼尾上，放一些樟脑，樟脑遇水后挥发，能推动纸鱼游动，这样纸鱼就变活了。"纸变鸡蛋"，则是把鸡蛋黄和鸡蛋白取出，用酸性物质将蛋皮软化如纸，含在嘴里，经过充气等可把"纸"变成鸡蛋。

搬运戏法　又名"藏掖戏法"，如"罗圈"就是其中的一种。

丝法　是以丝、头发等纤维控制某些物件所表演的戏法。如以丝系木人，它与人偶戏的兴起有关。

此外，还有"口抃子"（口吞铁刀）、"鼻抃子"（骨抃以一鼻孔进，从另一鼻孔出）、"种瓜"、"植枣"、"屠人"、"桃寿放生"。以"桃寿放生"为例，艺人在庆祝某人生日时，往往献一盘鲜桃，但某人一看却是一堆青蛙，于是艺人就把青蛙捂住，又变成一串鞭炮。

所谓戏法，都有肉眼不易识破的玄机，只有内行人才能识破。如有一种"木人立掌"，又称"仙人立掌"，表演者取一木人放在手掌上，木人可立可卧，原

12-33　明代杂耍　《明宪宗元宵行乐图》

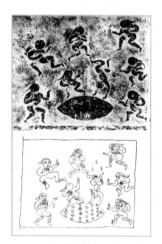

12-34　汉代丸技　汉代画像石

12-35　变戏法　《羊城风物》

来是木人足下有一根极细之针，插于手掌皮上，可控制木人立卧。"米碗挂香"是指表演者在米碗内插一炷香，提香则碗升起，原来在香下端有可钩住碗底的铜片。至于"人体浮悬"也是下设绞盘，并以底幕遮盖才能成戏的。当然，戏法后来又与杂技结合起来，成为独立的魔术艺术。

第十三章 · 体育类

体育类玩具和游戏，范围较广，除球
类、杂技、棋牌外，这里重点介绍田径、举
重、摔跤等游戏。

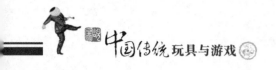

一 赛跑、跳高、玩杠子

原始人类出没于森林，奔跑于河滨，都具有一定的奔跑能力，于是人们也训练小孩子赛跑、跳高、攀援，因此形成一系列的游戏活动。

赛　跑

各民族都有赛跑游戏，汉族儿童常常举行赛跑比赛。台湾高山族儿童也喜欢赛跑，《清稗类钞》："台湾番人自幼习走，辄从轻捷较胜负。练习既久，及长，一日能驰三百余里，虽快马不能及。"

在西藏、云南等地区也提倡赛跑活动，《西藏志》中记录有赛跑比赛："又选善走之人数十名，自布达拉西跑至拉萨东止，约十余里，亦一气跑到，别其先后分赏。赏毕绕召跑三匝而散，此以为一年抢标夺彩之戏。"

在新疆有一种"赛跳跑"，需每人腿上绑一个沙袋，口内衔一个木勺，木勺

13-1　跳杆、滚环、踢球　杨柳青年画

内放一个鸡蛋，几个人排成一列，共同向前方跑去，鸡蛋不掉又先抵达终点者为优胜。

✸ 跳　高

跳高起源也较早。《史记·王翦传》记载："投石超距。"超距即是跳高的意思。《管子》："相睹树下，戏笑超距，终日不归"。在民族地区也保留有跳高之戏。

民间举行跳高活动时，跳前在地上先立两根竹竿，竹节留若干小叉，两竿相距二三米，然后在较低的竹节上搭一横竿，人们跳越后，再升高横竿，直到最高一节，越过者为胜，不过者为败。另外还有一种玩法，即在五米处助跑越竿，但跳后必双腿并拢，落地时还要并腿立正，这项游戏一般是青少年男子所喜爱的。另外，珞巴族还有一种绳技，先在地上埋一木竿，直径 0.5 米，高 8 米，根部有加固桩，以牢固为准，从竿顶往下拴若干绳索，呈斜坡状，将绳头固定住。比赛时，青少年男子双手抓住绳索，脚蹬地两次，跃起后头朝下，脚朝上，以一只脚勾住绳索，双手交替往上攀爬，并间断性地将身体悬空数次，又把身体附在绳子上，以爬到最高点为胜。①

✸ 玩杠子

玩杠子，相当于体育活动中的耍单杠。一般由三四个小孩儿共同扛起一个杠子，另一个小孩儿双手握杠，在其上摇摆，这是单杠运动的前身。另外，藏族有一种"格吞"，也是杆类游戏。

13-2　童戏扛相官　杨柳青年画

注释① 西藏社会历史调查资料丛刊编辑组：《珞巴族社会历史调查》，民族出版社，2009 年。

13-3 藏族"格吞" 《少数民族玩具和游戏》

二 举 重

举重是指人用双手举抱重物的游戏。最早的方式可能是举器皿，如扛鼎，在公元前306年秦国时已将此列入游戏范围。《史记·秦本纪》："武王有力好戏，力士任鄙、乌获、孟说皆至大官。王与孟说举鼎，绝膑。"秦汉之际出现的杂技"乌获扛鼎"即由此发展而来。在藏族壁画上就有抱举石头的形象，双手抱起放在地上的石块，至腹前，从左腋下抬至背上，走完画定的圆圈，再把石块扔在地上。有的地方则把石块举过肩或头顶，石块重量不一，具有一百五十斤、二百斤、二百五十斤、三百斤四级。汉代画像石上还有举石臼的形象。

翘关也是古代举重活动之一。《新唐书·选举志》载唐长安二年（702年）设武举，有翘关一项，翘关长一丈七尺，直径三寸半，以举起为准。

汉族地区还有两种民间举重。一是"举石砘"，又名"双石头"，类似举重游戏，在两米长杆两端各安一石砘子，石砘分七个等级，最重三百六十斤，最轻二十斤，可用双手举，也可用两足蹬，亦名"蹬店"。《都门琐记》："杂要有以一木贯两巨石，一人仰卧，竖两足擎之，木两端近石，各二人踏肩立，中复一人，亦以木贯两巨石，举而转之，久乃下，两足擎近千斤。"此外，还可表演前后五花、左右掌心花、十字披红等。有些地方则以石磨代替石砘，出现举石磨游戏。还有一种是举石锁，方法是取一石，制为铜锁状，上留通梁为把手，可单手举、双手举，或直臂高举等，有四十斤到八十斤不等。

民族地区还用牛皮缝制成大小不等的口袋，内贮石砂，重达几十千克。比赛时，把砂袋吊在房梁上。最初练习时，先吊一砂袋，然后有人前后左右抛袋，另一人以手臂前后左右推挡，接着逐步增加，最多时达到四个砂袋。有的人还站在凳子上抛砂袋，并表演各种动作。

四川凉山地区有一种拔树根，也是一种力的比赛游戏。玩时，两人弯腰侧身搂抱对方，从腋下弯腰反抱，双手在对方的腹部抱拢，双方的右脚伸入对方两脚间，此后，双方礼貌地推让对方先举。先举的一方，用尽全力拔起对方往肩上扛，像扛起一棵大树一样，故而得名。这是锻炼腿劲、手劲、腰劲的综合性项目，且灵活方便，随处可赛。②

13-4 举石磨 《点石斋画报》

注释② 王昌富：《凉山彝族礼俗》，四川民族出版社，1994年。

三 拔 河

　　拔河古称"牵钩"，是民间体育游戏之一，秦汉时期已经很盛行。《唐语林》："古用篾缆，今代以大麻絚，长四五十丈，两头分系小索数百条，挂于胸前，分两朋，两向齐挽。当大絚之中，立大旗为界。震声叫噪，使相牵引，以却者为胜，就者为输，名曰'拔河'。中宗曾以清明日御梨园球场，命侍臣为拔河之戏……明皇数御楼设此戏，挽者至千余人，喧呼动地，蕃客庶士，观者莫不震骇。进士河东薛胜为《拔河赋》，其词甚美，时人竞传之。"这段记载生动地描述了古代拔河的场面。隋唐时期也流行拔河游戏。《隋书·地理志》记载楚地南郡、襄阳"二郡又有牵钩之戏。"《新唐书·兵志》："六军宿卫皆市人，富者贩缯彩、食粱肉，壮者为角抵、拔河、翘木、扛铁之戏。"唐玄宗时在军队推广拔河游戏。

　　羌族有一种推杆游戏，所用玩具为一木杆，长三四米，直径8厘米，但须有一块平坦的空地做场地。玩耍时，两人分为一攻一守，守者握住木杆一端，并挟

13-5　羌族椎杆　《少数民族玩具和游戏》

于两股间，攻者则双手握住木杆头，拼命向前推，其间要求木杆平衡，用力均匀，不能摇晃。如果攻者推后一米，即算胜利，但有一定时间限制，即由裁判连续拍五次手为一个回合，一般五个回合胜三次为胜利。[3]

毛南族有一种"同顶"，也是一种顶杠运动，在地上画一长方形，长6米，宽2米，中间画一中线。比赛时，取一根木杠，长2米，直径8厘米。杠中央拴一红布，由两人比赛，每人腰上都拴一根皮带，或在腹部垫一层厚厚的布垫。比赛时，两人对面而立，距中线一米，木杠上的红布对准赛场中线，裁判员推出木杠，两人双手握杠，以腹部顶杠端，谁把对方顶倒或顶出端线即为胜方。

内蒙古达斡尔族有一种拔竿子活动，玩时，两人面对面站着，然后坐下，脚顶脚，两人同握一根木杆两头，互相拉，把对方拉过来者为胜。

四 摔 跤

摔跤是一种古老的体育游戏，在各民族中都广为流行。

❀ 蚩尤戏

传说起源于蚩尤。《述异记》："(蚩尤)人身牛蹄，四目六手。"半人半牛，可能为牛图腾。蚩尤戏当为图腾舞，为两位戴角者相抵斗。河南安阳出土一件蚩尤玉雕，西安战国墓出土一件铜饰物上已有角抵，湖北江陵凤凰山秦墓出土木篦上也有角抵图。《文献通考》："蚩尤氏头有角，与黄帝斗，以角抵人，今冀州有乐名蚩尤戏。"《述异记》："今冀州有乐名蚩尤戏，其民两两三三，头戴牛角而相抵，汉造角抵戏，盖其遗制也。"在山东嘉祥和微山两地汉墓画像石上，均有两人头戴牛角相格斗的场面。在《三才图会》上的"角抵图"，还保留着蚩尤戏的形式，也为两人头戴牛角相斗的形象。

❀ 角 抵

在蚩尤戏的基础上，到西周时期发展为角抵，这是一种较量力量和技巧的对

注释③　李吉阳：《少数民族玩具和游戏》，晨光出版社，1994年。

13-6　蚩尤戏　《中国舞蹈史》

抗性运动，作为游戏、练兵的项目，秦时又称"角力"，最早见于《公羊传》中。方法是两人席地而坐，面对面，双方共握一棍，两人脚蹬直，各人较力，向后拉棍，谁屁股离地谁输。这项活动当时具有体育和娱乐性质。汉代的角抵与其他杂技结合，形成"角抵戏"。《汉书·武帝纪》："（元封）三年（公元前108年）春，作角抵戏。"颜师古注引应劭曰："角者，角技也。抵者，相抵触也。"

自三国时期开始，将角抵改称相扑，宫廷中还出现了女子相扑。唐代民间相扑也很盛行，每逢正月十五、七月十五必举行相扑比赛。《都城纪胜》："相扑争交，谓之角抵之戏。"在宋代还出现了"相扑社"。《辽史拾遗》引张舜民《画墁录》："角抵以倒地为负，两人相持终日，欲倒而不可得。"1931年，辽东京遗址出土的八角陶罐上，就画有契丹人摔跤的图画。当时还有一种特殊的相扑，其方法是用稻草、

13-7　战国角抵铜饰　《考古》

13-8 唐代角抵壁画 《中国古代体育文物图集》

13-9 汉代角抵画像石 汉代画像石

13-10 北周相扑图 《中国古代体育史》

13-11 相扑擂台赛 《中国古代版画展览图录》

棉花扎成两个人偶的上身，加以彩绘衣着，俨然是两个扭抱在一起的相扑斗士。参加者二人弯腰四肢着地，背负着这对偶人，在偶人衣袍的掩盖下，乔装成一对斗士，互扭互抱，展示了摔跤场上的种种解数，在经过种种激烈拼搏的场面后，参加者起身亮相，观者为之捧腹。这个节目一直流传下来，在清代被称为"假人摔跤"或"鞑子摔跤"，俗称"跤人子"。这个表演的诞生和演变，说明宋代力技之盛，且与杂技关系密切。因为若不深知摔跤的技艺，便创作不出如此逼真的假人摔跤形象，而从巧妙操纵假人的设计来看，它与杖头傀儡和肉傀儡也有一脉相承的关系。宋元时期依然盛行相扑活动。

❀ 摔 跤

明清时期，角抵又称"摔跤"，南方称"相扑"，北方称"角抵"。故宫博物院收藏有八块《摔跤图》版画，就生动描绘了不同的摔跤动作。

第一块版，表现两名脑后梳有髻辫的摔跤手，身穿短衣长褡裢，腰束宽带，一着黑靴，一着白靴。左边的人收腹耸肩，弓腰叉腿，抓住右边人的小袖，双方正在较力，以决胜负。

第二块版，右边的人向前探身，双手抄起左边人的左腿，想把对方搬倒。左边的人叉腿，左手抓住对方腰带，右手揪住其肩，使不被对方的抄腿式所掀倒。

第三块版，则表现了以技巧见长的图案。左边的摔跤手右手抄住对方左腿，左手以揣手式伸入对方左衣襟之内，抓住

其衣服，一抄一提，顺势将对方摔倒，使对方双手着地，半躺半坐侧卧于地。

第四块版，为左边的摔跤手双手扭住对方的胳膊，同时下脚上勾，挑住对方的右膝，上身前压，想在对方身子倾斜之时将其按倒在地。右边的人已经失去了平衡，屈膝弯腰已无法着力。

第五块版，双方抓胸搭背做摔跤状，左边人左腿直立，右腿上抬，脚尖勾住对方左腿的脚腕，左手拽住对方肩颈，右手扭住其小臂，将对方擢倒，右边人虽然左腿被勾住，右腿弯曲呈半蹲之状，但是他左手抓住了对方胸襟，右手抓住其后腰之带，与对方僵持。

第六块版，左边人虽然侧身双手将对方搂住，但同时也呈现出失败的迹象。因为右边的摔跤手左手抓住他腋下的衣服，右手抓住其后腰带，下方右腿勾住他的右脚腕，在把他提起的瞬间，就能把他掼倒在地。

第七块版，双方动作几乎一致，都是使用小袖和偏门动作，抓袖揪胸倾其全力，左边的人使用大别绊动作斜身拽，右边人弓腰劲拉，想把对方拉过来摔在自己的脚下。

第八块版，右边人已被强有力的对手抡起，毫无着力之处。左方摔跤手双手抓住对手背后衣服，昂首弯腰，大步向前贯冲，使用大背跨动作将对方提起，憋足了气，要把对手从肩上摔倒。

13-12　清代宫廷摔跤　《塞宴四事图》

在我国少数民族中，素有摔跤的传统，在西安出土的鄂尔多斯铜牌上就有摔跤的形象。元代蒙古族称摔跤为"力戏"。清代时期蒙古族摔跤更加驰名，文献记载甚多。《中华全国风俗志》："蒙人嗜好摔角，颇有古罗马之风焉。每于鄂博祭日为正式举行期。角者着短衣或袒身登场而斗，以推倒对手为胜。王公或本村绅士，授胜者果品布类，以资奖励。"

13-13　蒙古族摔跤　《少数民族玩具和游戏》

蒙古族的摔跤有自己的特点：

第一，参加比赛的摔跤手必须是2的某次乘方数。如8、16、32、64、128、256、512等。第二，比赛胜负采取单淘汰法。蒙古族摔跤技巧很多，可以用捉、拉、扯、推、压等十三个基本技巧，后来演变出一百多个动作，可互捉对方肩膀，也可互相搂腰，还可以钻入对方的腋下进攻，更可抓摔跤者衣、腰带、裤带等。《宦海沉浮录》云："布裤者，专诸角力，胜败以仆地为定。"第三，蒙古族摔跤的最大特点是不许抱腿。其规则还有不准打脸，不准突然从后背把人拉倒，不准触及眼睛和耳朵。第四，摔跤手必须身着摔跤服。坎肩多用香牛皮或鹿皮、驼皮制作，皮坎肩上有泡钉，以铜或银制作，便于对方抓紧。皮坎肩的中央部分饰有精美的图案，图案呈龙形、鸟形、花蔓形、怪兽形。摔跤手的套裤用十五六尺长的白绸子做成，宽大多褶，裤套前面双膝部位绣有别致的图案，呈孔雀羽形、火形、吉祥图形，底色鲜艳，呈五彩。足蹬马靴，腰缠一宽皮带或绸腰带。[4]在《点石斋画报》上，还有满族摔跤比赛的形象。

四川凉山彝族也流行摔跤，摔跤方法也多种多样。从摔法来说，一种叫抱摔，即双方抱紧对方的腰，一方为攻，一方为守，攻守推让落地为败。第二种为胸摔法，腰劲大且能弯曲后仰之摔手能为之，将对方抱起贴紧于胸，在往后仰曲的同时，用胸部的力和手的推力把对方摔于身后或者左侧。第三种为外腿反摔，它是一种"反常"的摔法。把对方抱起来后，虚晃往左摔下，刹那间，向外（右）摔去，并以自己的右腿把对方下半身挡向内（左），使对方倒地不起。[5]

在广大汉族地区，成年人也喜欢摔跤活动。儿童们则玩摔跟头、倒立和玩杠箱等项目。

13-14　儿童翻跟斗　《吴友如画宝》

注释④　邢莉：《游牧文化》，北京燕山出版社，1995年。
注释⑤　李吉阳：《少数民族玩具和游戏》，晨光出版社，1994年。

第十四章·球 类

　　球类玩具和游戏，是指人们利用球所开展的各种游戏活动。其共性是这种游戏活动都离不开球，都与球有关；不同之处是在不同的游戏活动中所用的球不同，它是由不同质料制成的，有石球、陶球、毛球、木球、皮球等，大小也不一样，从而决定了其玩法千差万别。球主要有以下几类：一是飞石球，二是抛绣球，三是棍打球，四是足球，五是马球，还有其他球戏。其中每类内又可分为若干种。

一 飞石球

在我国少数民族地区保留了不少有关石球的资料。石球是狩猎的工具，使用方法多种多样，基本上可分两类。一类是绊兽索，它是在很长的木杆上，拴一条

14-1　飞石球　《尔雅音图》

14-2　投石球　《史前研究》

14-3　飞石索　《中国原始社会史》

五六米长和鞭子相似的绳子，但在绳梢拴一个石球，平时把绳子绕在木杆顶端，逼近野兽时，猛然甩动木杆，石球一跃而出，击中目标后急速旋转，将兽足牢牢绕住。1949年前在我国少数民族地区还运用这种方法狩猎，如满族捕猎时就使用这种工具。古代契丹族有一种打兔棒，顶部拴一金属猎槌，既是猎具，又是玩具。另一类是飞石索，我国纳西族、普米族和彝族都使用过。藏族有一种"俄多"，汉意为以羊鞭甩石头，也是一种飞石方法。

14-4　青铜猎锤　李露露摄

飞石索有两种形式：一种是单股飞石索，长六七十厘米，一头握在手中，一头拴有石球，投掷时先用右臂使其旋转，然后向攻击目标投去，石球引索而出，可以击伤或打倒兽类；另一种是双股飞石索，绳长130厘米，中间编一个凹兜，供装石球之用，使用时，把飞石索两端握在手里，利用旋转将石球甩出去，有效射程五六十米，远者可达100米，这种飞石索既可投掷一枚大石球，也可投掷一枚小石球。[1]

我国使用石球的历史是很悠久的，远在旧石器时代早期的蓝田人遗址，或是较晚的丁村、许家窑遗址，都有石球出现，大者1500克以上，最小的200克左右。从打制的遗迹看，这些石球是人工精心制作的球状工具。南美印第安人磨圆两个石球须耗费两天工夫，蓝田人制作石球的技术虽然不如印第安人，但也是花费了很多辛勤劳动的，石球是当时比较珍贵的狩猎工具。

二　抛绣球

在广西壮族地区的歌圩活动中，至今还可以看到抛绣球活动。绣球用彩绸做成，精致的表面还绣有花纹。绣球有圆形、方形和菱形等形状，略小于拳头，内以黄豆、棉籽、谷壳等物填充。球的一端系一条用于投掷的彩带，彩带下还装饰有一束五彩丝穗。抛绣球是歌圩活动之一，男女各站一方，手执五彩绣球的彩带，旋转几

注释① 宋兆麟：《投石器与流星索——远古狩猎技术的重要革命》，《史前研究》1984年第2期。

14-5　苗族抛绣球　《苗民图》

圈后趁势向对方抛出，对方要看准球接住，接时的姿态要尽量表现得从容和优美，以博得观众和抛球人的欢喜，接不住的往往遭到哄笑。持球人多选择意中人抛去，有的还在抛球活动中结成美好姻缘。这种活动史书早有记录，《岭外代答》："上巳日，男女聚会，各为行列，以五色结为球，歌而抛之，谓之飞驼。男女目成，则女受驼而男婚已定。"

抛绣球还可以进行比赛，这就要掌握一定的技巧了。春节期间择一空旷场地，居中竖立一根高达三丈的木杆，杆顶是一个直径比篮球略大的铁圆圈，以红色彩绸做帘。男女青年分立两边，手执绣球彩带，旋转几圈后，向圆圈抛去，以击中彩帘，穿过圆圈为胜。

三　棍打球

棍打球，亦称"步打球"，又名"步击""捶丸"，是一种徒步持杖击球的运动。唐代王建《宫词》："殿前铺设两边楼，寒食宫人步打球。一半走来争跪拜，上棚先谢得头筹。"在唐代壁画上已有步打球形象。宋辽时期出土的考古资料就更多了，1976年辽宁朝阳出土的辽代画像石上就有多幅步打球场面，当时称捶丸。元代《丸经》一书对当时捶丸有翔实的介绍。明代杜堇《仕女图》上也有几位妇女在玩步打球的形象。明代《宣宗行乐图》上也绘有步打球，球场为长方形，中间以松枝为门，两侧有五面彩旗，宣宗持球杖击球。这种游戏的玩法，一般是分两队进行，赛前各方选一地点掘坑为"家"，称"球穴"，在距"家"60至100步的地方选"球基"。比赛时，人从"球基"向"球穴"击球，入穴得分，最后以进球多少决胜负。清代步打球逐渐消失，但是在黎族、达斡尔族地区还继续保留着。

14-6 唐代壁画上的棍球　　　　14-7 唐代妇女玩步打球　《中国古代体育史》
中国国家博物馆藏

🌸 曲棍球

　　朝鲜族有一种棍球，所用工具有两种：一为棍，木制，长 1.5 至 2 米，直径 7 厘米，顶端弯曲，如曲棍球棒；二为球，以木削制，直径 10 厘米左右。玩球时，先在地上画一长方形球场，两端搭球门。参赛者分为两队，人数相等，人人都手持曲棍球棒，争击木球，以击入对方球门为胜。至今在我国体育活动中仍有所保留。②

14-8　宋代童戏球瓷枕　《中国文物图录》

注释② 李吉阳：《少数民族的玩具和游戏》，晨光出版社，1994 年。

14-9 辽代鎏金童大带戏棍球 《东南文化》

打棒球

撒拉族有一种打棒球活动，由于该球称为"蚂球"，又称"打蚂球"。

比赛时，分甲乙两队，每队三五人。甲方以球棍用力击球，球飞向前方，乙方则拼命阻截，如在球落地前阻截住，乙方则在球落地处把球扔向禁区，进入禁区，甲方则易人发球。若未扔进，甲方则从落地处再次打蚂球，然后以球棍为尺子，量蚂球两次落地的距离。如此多次交锋，最后以球棍的长度决定胜负。

打木球

湖南南部的瑶族，世居山村，以农为生，该族能歌善舞，娱乐活动丰富多彩，他们有一种打"毛菜"活动，汉语意为打木球。[3]

打木球用两种工具：一是球，二是球杖。木球用硬杂木制成，直径 10 厘米左右，外表比较光滑。球棒用树枝制成，长 120 厘米，直径 3 厘米，柄直，头略弯，如曲棍球棒。

打木球要求有一定的场地。球场可大可小，在田野、空地、山坡上都可。场地为长方形，标准为长 18 米，宽 12 米，中间为中心线，门为横线中，宽 120 厘米。中心线中央挖一坑，直径 12 厘米，深 6 厘米，作为起球点。打球时，双方各

注释③ 李吉阳：《少数民族玩具和游戏》，晨光出版社，1994 年。

组成球队，人数必须对等，最少三人，多则二十余人。其中一人为首，发球前，把球放在中线的坑内，由一人裁判，一方发球，球发出后，齐向前攻，双方竞争，以入门球多的一方为胜。

打木蛋球

青海土族有一种"打作若"游戏，汉语意为打木蛋球。木蛋球以硬木砍制，用长3厘米，直径1.5厘米，球杆为1米长的木棍。

球场选在平地，画一个长方形的格，前面画一个半圆的球门，每组二至六人，由两组进行比赛。先由甲组开球，其中一人站在门道，右手抛球于空中，左手以木棍击向远方，乙组则以木棍阻挡把球传给甲方，如果木蛋球落地，则测量木蛋球距边线的距离，以此记分。一旦乙组没接住球，甲组再出一人发木蛋球，如上述方法继续游戏，最后以分数计胜负。

打地骨都球

东乡族有一种"打地骨都"游戏，是以柳木削制一球，长5厘米，直径2厘米，参加人数多少不限，双方对等。场地为平地，画一长方形球场，守方把球击出，攻方得球后把球扔入球场，入则重新发球，守方以木棒击球，越远越好。

打贝阔球

达斡尔族在农闲季节有许多游戏，如射箭、摔跤、赛马、打球等，其中有一种"打贝阔"游戏，具有重要的民族特点。打贝阔所用工具有两种：一是球，用杏树根制作而成，呈圆形，有小碗大小；另一是球杖，长一米多，一头弯曲。场地选在广场或大街上，由男子玩耍，分南北两组，互相攻守。④

四 足 球

足球，古代称"蹴鞠"。球由皮革缝制而成，内贮兽毛。《汉书·霍去病传》颜师古注曰："鞠，以皮为之，实以毛，蹴蹋而戏也。"汉代的蹴鞠要有一定球场，

注释④　李吉阳：《少数民族玩具与游戏》，晨光出版社，1994年。

从当时流传下来的画像石看，已有不少蹴鞠形象。山东济宁出土过一块蹴鞠的汉代画像石，其上就绘有若干人正在踢球的形象。在其他地区也发现不少汉代蹴鞠画像石，当时还有踢球训练的士兵。这种球戏可能是由弄丸发展而来的。唐代足球有很大变化，球场两端设门，由人防守。《文献通考·乐考》："蹴球，盖始于唐，植两修竹，高数丈，络网于上，为门以度球。球工分左右朋，以角胜负。岂非蹴鞠之变欤？"另外球也有重要改进，一是球皮由两块改为八块缝制，更圆而美；二是淘汰了兽毛，改用尿泡充气，使球轻巧而富于弹性。宋代又将球皮改为十二块，种类也有很多增加。在宋辽金时期的瓷枕、铜镜、绘画上也有许多踢球的形象，既有男人，也有妇女，既有官吏，也有儿童。元代以后球场又有变化，球网改在球场中间。在《水浒传》《事林广记》等书中都有关于踢足球的描述，同时还出现男女对踢的内容。明清时期依然盛行蹴鞠游戏。

14-10　宋代蹴鞠铜镜　中国国家博物馆藏

14-11　汉代蹴鞠画像石

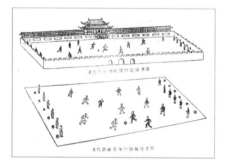

14-12　汉代训练军队蹴鞠竞赛图
《中国古代体育史》

14-13　唐代蹴鞠竞赛图　《中国古代体育史》

儿童戏球多为石球。明代刘侗、于奕正《帝京景物略》称两人玩石球时，甲在地上放一石球，不远处由乙踢自己足下的球，进而击中甲球，乙即获胜，但乙如果踢不中甲球，或踢过甲球，或踢二次仍不中甲球，乙则败北，改由甲开球。清代仍然流行此种游戏。富察敦崇《燕京岁时记》："十月以后，寒贱之子，琢石为球，以足蹴之，前后交击为胜。盖京师多寒，足指酸冻，儿童踢弄之，足以活血御寒，亦蹴鞠之类也。"在《北京民间风俗百图》中就有儿童踢石球的形象。

14-14　宋太祖蹴鞠图　《中国古代体育文物图集》

参加此游戏的人员组成，一种是儿童踢球，如金代瓷枕上就有童戏球，即由一儿童背手踢球，这是单人表演，在近代北京儿戏中也多有儿童踢球的形象；另一种是成年人踢球，如明代版画中就有不少成年人踢足球的形象，其中有两人踢球，也有许多人一起踢球。

清末满族诗人缪润绂在《沈阳百咏》中写道：

蹴鞠装成月样圆，

青鞋忙煞舞风前。

足飞手舞东风喜，

赢得当场美少年。

北京也曾流行踢石球游戏。

踢球游戏也流行于各少数民族地区。哈萨克族、台湾高山族有一种毛线球，它是用羊毛缠成的，直径三四十厘米，大小与篮球差不多。玩时，不限人数，分为两队，在划定的球场上玩。具体有两种玩法，一种是双手传球，以传给己方不落入对方为胜；另一种是踢球，以踢进对方球门得分为胜。

14-15　踢石球　《北京风俗图谱》

14-16　金代童踢球瓷枕　《文物》

14-17　宋代童踢球瓷枕　《文物》

14-18　女学戏球　杨柳青年画

14-19　孩童戏球　《吴友如画宝》

五 马 球

　　马球，又名"击鞠""蹴球""击球"。关于马球的来源有不同的说法，一说来源于藏族，另一说来源于波斯，但最早流行于上层社会，后来才普及到民间百姓。到了唐代，马球已经相当流行，陕西乾县章怀太子墓壁画上有一组马球比赛图。宋代李公麟《明皇击鞠图》上所绘的是一群女子骑马打球的生动场面，故宫博物院收藏有一件打马球图案的铜镜，新疆出土有唐代打马球陶俑。此外，在当时的吐鲁番以及后来的契丹、女真等少数民族中也普遍流行打马球游戏。《金史·礼志》："已而击球，各乘所常习马，持鞠杖。杖长数尺，其端如偃月。分其众为两队，共争击一球。先于球场南立双桓，置板，下开一孔为门，而加网为囊，能夺得鞠击入网囊者为胜。……球状小如拳，以轻韧木枵其中而朱之。"打马球多在五月五、九月九举行。元代熊梦祥《析津志》："太子诸王于西华门内宽广地位，上召集各

14-20　唐代妇女打马球　李公麟《明皇击鞠图》

衙门万户、千户、但怯薛能击球者，咸用上等骏马，系以雉尾、缨络，萦缀镜铃……
装饰如画……一马前驰，掷大皮缝软球子于地，群马争骤，各以长藤柄球杖争接
之，而球子忽绰在球棒上，随马走如电，终不坠地……然后打入球门，中者为胜。"
相传元代陈及之所绘《便桥会盟图》上也有马球游戏的形象，当是元代的马戏形象。
明代《宣宗行乐图》中有打马球场面：一人骑马，执旗前奔，后一人骑马执杖趋
向球门，身后数骑欲发，二骑之间有一球门，门下有一孔，以球入门为胜。

　　马球较小，如拳头大，多选草地为球场，球场一端立双桓置板，下开一孔为门，
加网为囊，外围插二十四面旗。玩时分两队，骑马执杖，共争一球，以击入网
内为胜；也可各守两端球门，以阻挡球入门为胜。得一分获一筹，并插一旗，失
一分失一筹，拔一旗，最后以旗多少定胜负。

14-21　唐代马球壁画　《故宫文物月刊》

六 其他球戏

除了前面介绍的五种球戏外，还有以下几种：

❀ 踏 球

踏球，又名"蹴球"，古代球戏之一。该球较大，以木为之。玩球时，一人站在木球上，踩踏木球，使其来回滚动。唐代封演《封氏闻见记》："今乐人又有蹴球之戏，作彩画木球，高一二尺，妓女登蹴，球转而行，萦回去来，无不如意。"以上记载说明踏的球是木制的，并绘有色彩，表演时由多人进行。《文献通考》："踏球用木球，高尺余，伎者立其上，圆转而行也。"

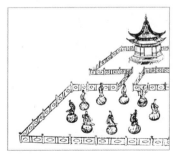

14-22 唐代踏球
《中国古代体育史》

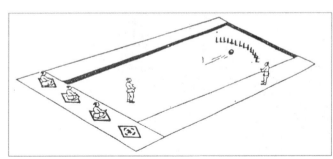

14-23 唐代木射球 《中国古代体育史》

❀ 木射球

木射球，又名"十五柱球戏"，球类游戏之一，始于唐代。方法是在场地一端立十五根木笋，每根木笋上用红色或黑色写一字，其中十根木笋为红色字，五根木笋为黑色字，木笋红黑相间，作为打击目标。玩时以一木球从另一端向木笋一端滚去，命中红木笋为胜，命中黑木笋为输，由于"球"象征"箭"，木笋为"侯"，故曰"木射"。

❀ 弹玻璃球

在汉族地区小孩喜欢用手弹玻璃球，即弹球，又称"弹珠子"。参加人数不限，

一般为男孩子们所喜爱。具体程序为：首先划定一个范围，依具体情况，先行将
自己的玻璃球弹到一个自认为较好的地方，占据有利位置，然后利用有利地形弹
打别人的珠子，以打到或者打出规定的界外为胜（当然，弹打者的珠子不能与被
打中的珠子一样出界，否则两者均为败），败者将受到一定的惩罚，如打手心，免
去一次游戏资格。此游戏最奇特的是，有的地方的小孩弹球用的是食指，或用左
手捧住右手挨地瞄准，同样用食指弹打，这与上述小孩子用拇指弹打在准确性上
是有一定差距的。其实这种游戏在中国各民族中都相当流行，当然玻璃球是近代
才流行的。但是如果说到陶球就极其久远了，出土文物中有不少史前时代的陶球、
石球，其中有些是弹弓所发射的工具，有些可能是玩具，即所谓弹球。

14-24　清代弹子房　《启蒙画报》

满族的打飞弹，所用的玩具有两种：一种是一根木棒，头略弯曲，做球杖，
类似冰球棍；另一种是几个石球，比较小。玩时，先把石球放在球场中央的小坑内，
玩者分两队，一队进攻，一队防守。开始后，守方以球杖把石球拨出来，攻方则
以球杖把石球赶入坑内，看谁达到目的，谁就胜利。

托高球

台湾高山族有一种托高球，又称"竿球"。《番社采风图考》："番以藤丝编制为球，大如瓜、轻如绵，画以五彩。每风日清朗，会社众为蹋鞠之戏。先以手送于空中，众番各执长竿以尖托之；落而复起，如弄丸戏弹。以失坠者为负，罚以酒。男女堵观，以为欢娱。"另外，还有一种投背篓，女人背一篓，男人在后追击，并把球投入篓中。⑤

14-25 高山族竿球 《少数民族玩具和游戏》

叉草球

赫哲族有一种叉草球，即以草编织一球，丢于地上，令球滚动，由一人持鱼叉，向球叉去，以叉中者为胜。在这种游戏中，以草球象征游鱼，叉球是叉鱼的模拟，说明此游戏是模仿捕鱼发展来的，游戏既是娱乐，又是叉鱼的练习。

14-26 木雕三羊开泰健身球 李露露摄

注释⑤ 李吉阳：《少数民族玩具和游戏》，晨光出版社，1994年。

台 球

台球是指在桌案上玩耍的一种球。该球形同西方的克朗棋，有一正方形的棋盘，棋盘的四角各有一孔，中间有一白棋子，玩的双方各有数枚小棋子，分黑白两色，其中有一枚大的，是用来打其他棋子的，玩的双方都要力争把自己的棋子和白棋子掷进孔内，以先进去多者为胜，但有一规定，白棋子不能最后进孔，这是一种很吸引人的游戏。棋盘四周装饰有图案，棋盘表面撒一层面粉，增加摩擦力，有助于进球。

近代从西方引进一种台球，在城市较为流行，并设立有弹子房，男女都可以玩耍。此外，健身球也大为流行。

另外，近代随着西方文化的东传，也传入了西方的球戏，如儿童拍皮球、打台球，以及足球、篮球、排球、网球、高尔夫球、保龄球等多项游戏活动。

14-27 妇女玩台球 《吴友如画宝》

第十五章·小戏类

　　在玩具和游戏中，还有一类是表演性的娱乐活动，可称为小戏类。主要是面具、舞龙舞狮、木偶戏、皮影戏、拉洋片等。在这些娱乐活动中，需要有一定的设备和道具，配合主演人，形成一种比较复杂的娱乐形式。另外它已不是自我娱乐，而是富于表演情节，供别人欣赏的游戏活动。

一 面 具

面具是指以面饰为主的游戏玩具。这种玩具起源于巫术，进而变成驱鬼傩戏的内容，后来又发展为傩戏、地戏。这种面具也影响了儿童的玩具，从而出现了一批儿童性的面具玩具。

15-1　商代青铜面具　《中国古代兵器图录》

史前面具

史前时期已发现不少面具，如在浙江河姆渡文化遗址、西安半坡遗址、陕西仰韶文化遗址、重庆大溪文化遗址、甘肃天水柴家坪仰韶文化遗址、马家窑文化遗址、辽宁东沟后洼文化和红山文化遗址，以及山东滕县龙山文化遗址等，都发现了不同质料的面具、面塑，有不少还带有穿系的孔眼。这说明这些面具是一种佩带在身上使用的，是面具的原始类型。从民族学资料看，有些面具也可能是神像或辟邪物，有些也可能是儿童玩具，但是更多的是具有灵性、神性的。如鄂伦春族有一种小型木面具，有耳目、口鼻，该族认为是面具神，是由萨满面具演变来的。①

15-2　江西傩面具　《中国舞蹈史》

傩面具

傩，是一种打鬼活动，发源于史前时代，商代甲骨文中有个"寇"字，即为傩，主要是驱逐恶鬼的。《论衡》："昔颛顼氏有子三人，生而皆亡，一居江水为虐鬼，

注释①　吴诗池：《中国原始艺术》，紫禁城出版社，1996年。

一居若水为魍魉，一居欧隅之间，主疫病人。"

最早的傩没有一定形式，后来演变为方相氏，并且形成一套程序。《周礼》："方相氏掌蒙熊皮，黄金四目，玄衣朱裳，执戈扬盾，帅百隶而时难，以索室驱疫。大丧，先柩，及墓，入圹以戈击四隅，驱方良。"从中看出，傩有面具并化妆，有力伎，有搏斗、厮打、刺杀等，所谓方相氏，就是一种专门打鬼驱疫的巫师，因为巫是人与鬼神的媒介。《说文解字》：

15-3　汉代方相氏　画像石

"巫，祝也。女能事无形，以舞降神者也。"巫在取悦于神，或者代神讲话时，都要戴上面具，以示有别于常人。在这里面具就是一种媒介，因此民谚曰："戴上脸壳就是神，放下脸壳就是人。"从考古资料上看，像西安半坡仰韶文化的人面鱼纹、良渚文化的人鬼形象，都是巫觋形象在工艺装饰上的反映，也兼有辟邪作用。商周时期青铜面具出土不少，有些极小型者当为辟邪物，或佩戴于身，或挂于门上，有些较大的面具则是巫觋的请神法具。在湖北随州曾侯乙墓棺上就有巫觋形象，山东沂南画像石上也有方相氏，这些都是当时的巫师或巫师佩戴面具的形象。在河南南阳出土的画像石上还有驱傩图。故宫博物院藏有宋代《大傩图》，乍看杂乱不明，实际上是有一定规律的。前为舞头，共有十二人，有九人头上戴有纸做的各种草花、树枝，称"春胜"，多有舞具，如畚箕、扫帚、炊帚、柳斗、葫芦、粮斗、柳条、打鬼武器，个别人头戴牛角，化妆为牛。现在民间还保留有当时的傩面具，不过已向戏剧化转变，故有"傩近于戏"之说，其中面具表演的节目已是民间游乐的重要内容。

在傩戏的基础上，又发展出一种地戏。地戏演员必戴面具，又可称其为面具戏。但是，戴面具演出不等于都是地戏，因为有些面具戏不是出于傩信仰，而是一种戏装，属于纯娱乐性的。在清代《百苗图》中，常有地戏形象，这就是实证。[2]

❀ 儿童面具

儿童面具是专供儿童玩耍的玩具，如《太平春市图》中的货郎担上就有一个很大的面具。1976年在辽宁朝阳出土的砖刻画上，有一幅玩面具的场面，一个小孩子脸戴面具，手舞铁剑，在一个击鼓儿童的伴奏下，作歌舞状。在近代的货郎担上，也多挂有面具出售。这些面具都是儿童们的玩具，但已与巫面具大不相同。

注释②　中国国家博物馆收藏《百苗图》。

在北京的儿童面具多是用纸粘制而成的，上面画有小说戏曲中人物的彩色脸谱，如孙悟空、窦尔墩等，上端两侧系一松紧带儿，套在小儿头上，假面具眼睛处挖空，戴在头上可以看人。较小的幼儿戴上假面具，只是嬉笑而已，以引逗小孩子作乐。稍大些的小孩子戴上假面具，可以手持棍棒，装作假面具所画人物的样子作戏，也有若干小孩子分别戴上不同的假面具一起玩耍。③北京农历七月十五儿童多戴面具斗灯，或者在腊月跳太平鼓，也与面具有关。

还应该提到，玩具中还有脸谱，脸谱实际包括两部分：一是京剧脸谱；一是儿戏头套。

脸谱，又名"花酒""花脸"，是在面具的基础上发展起来的，是传统戏剧图案化的性格化妆。在宋代已有脸谱，元代已相当盛行。明清时期除用于戏曲外，也流行于小型面具。

头套，是套在头上的一种面具，但他是立体的，较平面或面具有所不同。这种玩具起源于宗教仪式，如跳喇嘛、打鬼神等，后来民间又做成各种大娃娃头、虎头、狮子头等，作为节庆娱乐的道具。

15-5　卖玩具货郎　张毓峰绘

15-4　苗族跳地戏　《百苗图》

15-6　玩具摊　《中国表记与符号》

注释③　王文宝：《北京民间儿童娱乐》，北京燕山出版社，1990年。

二 秧歌高跷

高跷是一种民间小戏，属于秧歌的一种。

秧歌来源于农民插秧时所唱的歌曲。它的历史相当久远，在北魏时期的敦煌壁画上已经有高跷图，并且与肚竿等杂技绘在一起，这说明高跷也是一种杂技性游戏。后来又成为节日社火的内容，称闹秧歌、秧歌会。《广东新语》："农者每春时，妇子以数十计，往田插秧，一老挝大鼓，鼓声一通，群歌竞作，弥日不绝，是日秧歌。"这说明在南方秧歌以大鼓配合，在插秧时唱，以助劳动兴趣。北方地区则是在农闲时节举行，《陕南巡视目录》："田间农民有系彩于首，扮戏装者，歌唱舞蹈，金鼓喧闹，盖为秧歌助兴，俗名大秧歌本此。"

15-7 北魏高脚戏壁画 敦煌壁画

秧歌有两种：一种是地秧歌，又名"地崩子"，是徒步表演的；一种是高跷秧歌，又名"高脚秧歌"，表演者脚系木腿，高于人群进行扭唱和表演。高跷

15-8 高跷会 《中国戏剧史》

15-9 出人头地 《点石斋画报》

又可分为两类：

文跷 主要是表演走场，摆山子，演唱秧歌唱段，与地秧歌相近。北京西郊的秧歌，有高腔调和靠山调之分，由一人领唱，众人相和，也有一问一答。唱词少者几段，多者几十段。所唱内容广泛，有历史故事、民间风俗、世俗生活等等。例如《十二郎》唱市民生活，《十剂药》唱劝善词，《棉花段》唱植棉生产。据调查已有二百多种唱段流行。

武跷 主要是表演各种劈叉、翻跟斗、拿大顶、打旋风脚、鹞子翻身等。在《点石斋画报》上有一幅"出人头地"，就生动描绘了汉口民间踩高跷的形象。其中有一人踩高跷，在其两肩上各站一个儿童，单脚站立，两名儿童又高举一花环。

玩高跷戏有一定的人数，一般为十二人，有陀头、樵夫、卖药先生、渔翁、渔婆、公子、老坐子（悍妇）、小二羔子，两个打锣的，两个打鼓的。东北秧歌还有阔大爷，官吏打扮；傻柱子，反穿皮袄；刁婆，手持木棒，还有青蛇、白蛇、许仙、法海等等，出场也有一定的秩序。④另外，民间还流行荡旱船活动。

15-10 · 荡旱船 山东潍坊年画

注释④ 张紫晨：《中国民间小戏》，浙江教育出版社，1989年。

三 舞龙狮

如果说面具戏是出于驱鬼巫术，那么舞龙狮也来源于一定的巫术，即与祈求风调雨顺有关。

❋ 舞龙灯

舞龙灯多在农历正月十五元宵节，又称"上元节""灯节"，文献记载甚多，考古发现也不少。

宋代吴自牧《梦粱录》："元宵之夜，……草缚成龙，用青幕遮草上，密置灯烛万盏，望之蜿蜒如双龙飞走之状。"

徐珂《清稗类钞》："十五日为灯节，夜悬各灯，或如鸟兽，或如花菜，悉以白纱制之，上加彰绘。有一灯为龙形，灼长十五尺，支以十竿，太监十九执之，又一监在前执一灯球，取龙珠之意。"

姚元之《竹叶亭杂记》："今圆明圆正月十五日，筵宴外藩，放烟火，转龙灯。其制，人持一竿，竿上横一竿，状如丁字，横竿两头系两红灯。按队盘旋，参差高下如龙之宛转。少倾，则中立向上排列'天下太平'四字。"

在龙灯流行之前，为鱼龙漫衍，起源于汉代。《汉书·西域传》："遭值文、景玄默，养民五世，天下殷富，财力有余，士马强盛……设酒池肉林以飨四夷之客，

15-11　汉代鱼龙变化　沂南汉代画像石

15-12　儿童戏龙　《中国儿童》

作巴俞都卢、海中砀极、漫衍鱼龙，角抵之戏以观视之。"颜师古注云"龙八丈"，鱼化龙属幻术或杂技，当时的鱼龙变化就是舞龙之模型，为舞龙的前身。在山东沂南东汉画像石上就有一种鱼龙之戏形象。上述鱼龙之戏，起初可能是一种祈求巫术，后来演变为娱乐活动。直到清代，还有鱼龙变化的形象，如在《鹅幻汇编》上就有一幅鱼龙变化图解。由于文化交流，不少民族从汉族学来这种传统娱乐活动，如贵州水族、苗族、布依族，每逢节日、盛会期间，人们也都喜欢舞龙娱乐。

🉑 舞狮子

舞狮子最早见于三国时期，《汉书·礼乐志》注中孟康曰："象人，若今戏虾鱼师子者也"。唐代舞狮成风，并且有一定的表演规模。宋元之后，舞狮成为社火的重要内容，考古中多有发现。

15-13 清佚名四时欢庆戏狮 《东南文化》

宋代苏汉臣所绘《百子嬉春图》中也有舞狮子的生动画面，一人引狮子前进，两人扮装狮子，一人打旗，还有两人击鼓伴奏跟在后面。

随着社会的发展，舞狮子又有改进。明代《吴社编》："狮子金目熊皮，两人蒙之。一人戴木面具，装月氏奚奴，持绣球导舞。两人蹲跳按节，若出一体。弄伞则一架五伞，大者如屋，一人弄之，左提右揽，当其奇处，即唇端、额上、腕畔、脐间皆伞也。"前者讲舞狮子，后者指玩伞之戏。到了清代，舞狮子多具有表演性，并向戏剧化改进，有些与杂技表演结合。

四 傀儡戏

傀儡戏，又称"木偶戏"。《旧唐书·音乐志》："窟儡子，亦云魁儡子，作偶人以戏，善歌舞。"

关于傀儡戏的起源，有许多说法：一种认为汉高祖时陈平以木偶歌舞解平城之围；另一种认为周穆王时巧人偃师造木人能歌舞；还有一种认为起源于丧葬。《后汉书·五行志》刘昭注引东汉应劭《风俗通义》："时京师宾婚嘉会，皆作魁儡，酒酣之后，续以挽歌。魁儡，丧家之乐。"其实，傀儡后来又为丧葬仪式中的陪葬陶俑所借用，并演变为木偶戏。

木偶是先出现的，后来才发明了木偶戏。远古时期，巫师为了宗教目的，多以草扎人，或以泥捏成泥偶，或用木雕成木偶，作为神像或者进行诅咒巫术的手段，这是最早出现的木偶。随着社会的发展，在丧葬中产生了人殉制度，后来以木偶取代人殉，出现了木偶殉葬的风俗。《说文解字》："偶，桐人也。谓以桐木为人。"《广韵》注："木人送葬，设关而能跳踊，故名之俑。"这说明木偶应用的领域不断扩大。在这种基础上，又出现了舞方相氏。据《周礼》所述，周代丧葬和大傩时，都要舞方相，方相就是一种木偶，以真人扮演，戴有假头或面具。其目的是为死人奏乐和歌舞，使死者安然而去，或者驱鬼除疫，这说明舞方相已具有木偶戏的一些特点，但最早还是一种宗教性质。到了汉代才出现有关木偶戏的记载。魏晋以后木偶戏有较大发展，魏明帝时马钧就改进过木偶戏，并且以木偶为戏。《旧唐书·音乐志》："作偶人以戏，善歌舞……齐后主高纬尤所好。"《乐府诗集》引《乐府广题》云："北齐后主高纬雅好傀儡，谓之郭公，时人戏为郭公歌。"最初的木偶戏，可能是一种手举着的木偶戏，到了隋唐时期则出现了提偶，即以丝线悬挂以便操作的木偶戏。《隋书·孙万寿传》："飘飘如木偶，弃置同刍狗。"《大业拾遗》中还记载隋炀帝使黄衮造水师，用木人长二尺许，衣以绮罗，装以金碧，皆能运动如生，随曲水而行。这说明当时已经设机关激水来挖制木偶。《唐诗纪事》引《咏木老人》云：

15-14　童玩木偶戏　《文物》

15-15　童趣木偶　《故宫文物月刊》

刻木牵丝作老翁，

鸡皮鹤发与真同。

须臾弄罢寂无事，

还似人生一梦中。

　　其中的"刻木""作老翁"即指木偶，"牵丝"则是指控制木偶的丝线。这说明唐代已经出现了悬丝木偶戏，而且流行于宫廷之中，这是木偶戏在盛唐时期的重要发展。唐代的傀儡戏已包括有人物、动物、传说故事等内容，除用于丧葬外，也出现了以娱乐为目的的商业性傀儡戏。新疆曾出土过女扮男装的木偶头像。

　　宋代的傀儡戏已达到全盛时期，当时

15-16　傀儡戏　《风俗小品图册》

15-17　看傀儡戏　《太平春市图》

15-18　木人头戏　民间烟画

儿童们多玩木偶，如苏汉臣绘《婴戏图》上就有儿童戏木偶的场面。中国国家博物馆收藏一件宋代铜镜，其上也有木偶戏形象。另外还出现了在瓦舍勾栏演出的组织，并有专业人员。在元宵节时还有专门的傀儡舞队。

15-19　隔壁戏　《北京风俗图谱》

　　当时有五种傀儡戏：

　　悬丝傀儡　悬丝是以线操纵动作的傀儡戏，如现代的提线木偶，它是以几根线连着木偶身体各部，将其悬吊起来，操作者在下边牵动线，木偶即可做各种动作。这种傀儡戏最为古老，演出时必有舞台。在河南济源出土一件宋代婴戏瓷枕就是这种形象。

　　杖头傀儡　杖头是以杖操纵动作的傀儡，操作者将其举于头上进行表演，如同近代的撑竿木偶。《梦粱录》："更有杖头傀儡，最是刘小仆射家数果奇。"演出时要有一帏帐，中国国家博物馆收藏的宋代傀儡图铜镜就是如此。宋代无名氏《蕉石婴戏图》和山西繁峙县岩山寺金代壁画上，都有杖头傀儡戏的形象。

　　药发傀儡　药发是以火药发动的木偶戏。《都城纪胜》："杂手艺皆有巧名：……烧烟火、放爆仗、火戏儿、水戏儿……药法傀儡。"有关具体结构及表演方法已经不得而知。

　　肉傀儡　肉傀是用真人表演的傀儡戏。《都城纪胜》："肉傀儡，以小儿后生辈为之。"据学者研究，该戏可能是成年人让小孩子在肩上表演。河南博爱县月山出土一件宋代长柄式铜镜，其上就有肉傀儡形象。这种傀儡戏对后世的戏剧产生过重要影响。

水傀儡　水傀是以水流做动力的傀儡戏。在《三国志·杜夔传》记载，马钧已发明"潜以水发"的傀儡戏，又称"水转百戏"，这说明水傀儡由来已久。宋代水傀儡有很大发展，《梦粱录》："其水傀儡者，有姚遇仙、赛宝哥、王吉、金时好等，弄得百伶百悼。兼之水百戏，往来出入之势，规模舞走，鱼龙变化夺真，功艺如神。"

在这五种傀儡戏中，以悬丝、杖头傀儡戏较为普遍，主要表演传说故事，多模仿戏剧。《都城纪胜》："凡傀儡敷演烟粉灵怪故事、铁骑公案之类，其话本或如杂剧，或如崖词，大抵多虚少实，如巨灵神、朱姬大仙之类是也。"药发傀儡可能主要是技巧表演，肉傀儡当以歌舞为之，水傀儡则以百戏为内容，故曰"水百戏"。演傀儡时必有鼓、笛子伴奏，主要演出对象是儿童。同时，儿童们也喜欢玩傀儡，这一点在文物中是有明显反映的，在河南省南召县出土的宋代雕砖上就有少儿玩傀儡的形象。由于儿童多玩傀儡，在市场上也有专门出售傀儡的小贩。南宋萧照《中兴瑞应图》中就有一位老人手持傀儡、身背傀儡在街上叫卖的情形。由此看出，宋代木偶戏有重大发展，种类多，内容丰富，能表演各种传说故事，而且出现了专门的表演家，这是中国木偶戏的成熟时期，从道具到内容都已定型，基本沿用宋制，特别是其中的肉傀儡以真人作戏，又能表白，对后来中国戏剧的产生有促进作用。

15-20　傀儡戏　《三才图会》

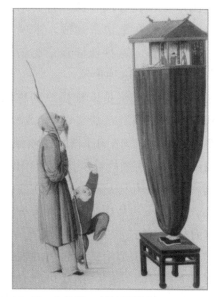

15-21　布袋戏　《羊城风物》

明清时期，傀儡戏更为流行。在《三才图会》《太平春市图》中均有木偶戏的内容。《燕京岁时记》："苟利子即傀儡子……演唱打虎跑马诸杂剧。"另外，还常演出"猪八戒背媳妇""王小打虎"等。此外，在北京风俗画中的"隔壁戏"也是一种木偶戏。

五 影 戏

影戏，又称"皮影戏"，各地对皮影的称法不一。湖北称为"皮影子戏"，湖南称"影子戏"，福建又称"皮猴子戏"，江浙称"皮囡囡"，河北称为"滦州布影"，黄河两岸称为"驴皮影"，等等。影戏可分纸影戏和皮影戏两种。

影戏的起源，有四种说法：

一说起源于战国时期。《韩非子》称人们利用光和针孔成像原理，制成一种暗画，后来又在豆荚内壁画影物，太阳光透过豆荚，把其上的景物映在屏壁上。

二说起源于汉代。《汉书·外戚传》："上思念李夫人不已，方士齐人少翁言能致其神，乃夜张灯烛，设帷帐，陈酒肉，而令上居他帐，遥望见好女如李夫人之貌，还幄坐而步，又不得就视。"

三说源于隋代。传说隋炀帝大业九年（613 年），宋子贤在壁上映出佛像和兽形影像，进行种种演出。

四说起源于宋代，由说话演变而来。宋代高承《事物纪原》："宋朝仁宗时，市人有能谈三国事者，或采其说，加缘饰作影人，始为魏、吴、蜀三分战争之像。"

15-22 看西洋景 《羊城风物》

15-23 宫廷小戏 《明宪宗行乐图》

还有一种认为是从西域传入的，但缺乏史料根据。

宋代的皮影戏已有较高的水平。张耒《续明道杂志》："京师有富家子，少孤专财，群无赖百方诱道之。而此子甚好看弄影戏。每弄至斩关某，辄为之泣下，嘱弄者且缓之。"除皮影戏外，还有一种新影戏，《武林旧事》："或戏于小楼，以人为大影戏。"这是以人代偶，但来源于木偶。我国北方皮影戏比较有名，如陕西皮影、环县皮影、滦州皮影，都是较出色的。

皮影戏除有人持皮影外，还有唱本，包括五言、七言，一般是操作者照本诵唱边演边唱。

古代还有一种纸影。纸影戏是用灯光照射用纸剪的人物和动物影像，以此表达剧情中的故事。演出时以白纸为框，配以民间戏曲，后演变为羊皮影。

15-24　滦州皮影　中国国家博物馆藏

纸影戏起源于宋代。耐得翁《都城纪胜》："凡影戏乃京师人初以素纸雕镞，后用彩色装皮为之。"清代甚为流行。陈赓元《游踪纪事》："衣冠优孟本无真，片纸糊成面目新。千古荣枯泡影里，眼中都是幻中人。"纸影中人物有三种：第一种为"活灯"，即圆身纸影，以竹、纸做成中空的圆柱，内装一纸轮，粘纸剪的人马，点燃烛起，煽轮日转；第二种为"抽皮猴"，即竹窗纸影，艺人将纸影、灯光照影投于白纸框内形成；第三种是阳窗纸影，即捅破纸影窗，向傀儡戏发展，成为木偶戏的一种。

六 拉洋片

拉洋片，又称"西洋镜"，它是把绘好的各种画片，放在一种特制的木箱内，箱上有瞭望口，并安有放大镜，供观众观赏。

这种活动有两种：

15-25 拉洋片 《北京三百六十行》

一种是拉大洋片，镜框分两层，长1米多，高2米左右，上下拉动。在木框右边有一木架，上安有锣、鼓、镲，以红绿绸把鼓键子、锣锤和镲拴在一起，只要拉动绸子，即相击出声，使拉洋片有节奏和伴音，再加以伴唱，以吸引人。通常每个木框内，放八张绘好的画像，共有四个窗口，每个窗口有一人，同时可供四人观看。窗口较大，直径15至20厘米，内有布帘，窗口均安有玻璃，观众看时，要放下布帘。木箱前还设有长木板凳，供观众们坐着看。拉洋片者，边拉边唱，边击鼓乐。

一种是拉洋片，镜框长3.5米，可供十人围观，洋片40厘米，既有画片，又有照片。由两人分站两边，不断倒片，分上下两层，观众一张接一张观看，这些片子通过吊绳，可上可下。这种洋片没有乐器伴奏，操作者边拉边讲解其内容，也设有木板凳，每次可观看二十张左右。拉洋片多在庙会中举行，闹市区也有，如北京的天桥一带就常有拉洋片表演。

后　记

　　编著《图说中国传统玩具与游戏》一书感到难度很大，因为前人给我们留下来可以借鉴的论著较少，有关史料又散见于各处，搜集整理工作相当困难，也增加了写作的难度。但是这是一项很有意义的工作，关系到培养一代新人的问题，所以必须尝试。

　　本人在博物馆工作，接触到大量的文物、图册，古籍也较丰富，为搜集历史图像资料提供了有利条件。

　　编著该书是我多年的愿望，由于诸多原因未能如愿，很是遗憾。但是，搜集有关资料的工作却一直没有停止过。在大力弘扬我国传统文化，抢救和保护非物质文化遗产的热潮中，世界图书出版西安公司的同志以少有的魄力和胆识，组织出版一套中国民间文化图说系列图书，该社把此书列为第一批选题，实感荣幸的同时，也有一定压力。

　　说实在的，此书仅仅是我国玩具与游戏文化沧海中的一粟，难免挂一漏万，但是我还是把它公诸于世。其用意有三：一为玩具研究工作和新玩具设计提供一些罕见的形象资料；二是除供爱好者读阅外，还能引起许多人对过去儿时玩具与游戏的美好回忆；三是玩具是儿童的宠物，也是成年人的娱乐工具。传统玩具与游戏是与大自然紧密结合的，有许多优越的东西。因此，传统玩具与游戏如果能引起广大儿童和关心儿童身心健康成长的家长们的兴趣，抽暇一顾，我的愿望也就实现了。

　　在该书的编写过程中，始终得到宋兆麟先生的点拨和指导，并提供了不少资料。同时，朋友郑婕女士也为该书图版资料的整理提供了不少帮助，在此深表谢意。

李露露